地球からの警告

石油がなくなる日のために、今からできることを考えた

株式会社サンワマシナリー取締役会長
山下 和之
Kazuyuki Yamashita

あさ出版

はじめに

私が住んでいる地方都市である金沢市内で、信号待ちをしていたときのこと。中クラスの幹線道路で、上下2車線、車が途切れることもなく行き来している。これだけの車が昼夜毎日走っている。もちろん、金沢以外の日本各地でも走っている。当然のことだが、日本だけでなく世界各国、各地を走行してガソリンを使用している。私はこの情景を眺めていて、50年前のオイルショックの惨状を思い出していたのである。

ある日突然、スーパーマーケットや個人商店の棚から、トイレットペーパーがなくなった。

「地球から石油がなくなるらしい」という噂が噂を呼んで、新聞、テレビの報道が連日続き、世の中が大騒ぎになったのである。

「石油がなくなる？」

私は驚いて、業者に通常の3倍強の灯油を注文して、来たるべき日に備えたのであった。

今から考えると、笑い話である。

取引していた業者の社長は、
「世間は騒いでいますが、市場には灯油がたっぷりあるので、心配ないですよ」
と苦笑していた。
その言葉通り、騒ぎは短期で収まり、杞憂であったのだと、世間はほっとした。

しかし、石油枯渇は、今後、近い将来に現実となる。

オイルショック当時の私は、一人の会社員として、世間の皆さんと同じように過ごしていれば良かったのだが、何かが胸に引っかかっていた。
その感触が、後のわが社独自の排熱回収装置の開発につながった。

産業界は省エネルギー化を図るべく努力を重ねてきたが、成果が上がらないままになっていた。

当時も現在も、産業界の省エネルギー対策は、排熱回収が効率が良く、技術的に取り組みやすかった。機械メーカー各社は早速取り組んだが、石油化学製品は、熱を加えると厄介なタールが発生し、回収どころか、そのタールのために火災が発生するリスクがある。その怖さを知り、各社は撤退したのである。

そこで、わが社は特殊な方法で、タールが付着しない装置を開発した。

排熱回収装置を設置することで、どれだけの効果が出るのか。

熱処理機が使用するエネルギーを１００とすると、安定した製品を作り出すために廃棄する熱は40％～50％。この熱をクリーン化し、約15％～20％を回収して再利用するのである。

エネルギーの削減には、排熱回収がいかに効率的か、ご理解いただけると思う。

オイルショック当時、胸に引っかかったモヤモヤを解決すべく、後年この装置の開発に取り組んだ。

わが社は各種巻取り、巻き出し装置、省力機械など、お客様から新規の装置の製作を依頼されて機械を設計、製作している。

一方、熱を多く使用する熱処理機メーカーでもある。

空しく大気に放出する排熱を何とか削減しなければと、常々思っていた。

身近にある多くの備品、合成繊維は、製品になる前は必ず熱処理が必要なのである。熱処理時に合成繊維の不純物が発生する。

そのため、熱風と同時に排気として大気に放出する。排出される熱をクリーン化させて、元の機械に戻す。これが排熱回収装置である。

世界中に乾燥機、熱処理機を製作している機械メーカーがあり、それぞれ省エネに努めている。外壁の保温材を厚くしたり、熱漏れを防ぐ工夫をしたりしているが、効果は少ない。やはり、排熱回収の効果が絶大なのである。

エネルギーの削減を図らなければ、地球が破滅すると思っている。

長い間エネルギーに携わってきた人間として、自分なりに深く調査すると、とんでもない事態が進行していることがわかってきた。

地球が誕生したのは約46億年前、人類の祖先は約５００万年前から地球上での生活を始めたとされている。

われわれ人類が今までの通り、気ままに、貴重な資源の無駄使いをしていると、地球は疲弊する。祖先が長年守ってきた炭素エネルギーを、われわれの代で枯渇させて、荒れ放題にし、半分砂漠化したような地球を自分たちの子どもや孫に残すことになる。

地球の砂漠化、温暖化、熱波の襲来、動植物の絶滅危惧等はマスコミが常に報道しているので、ご理解いただけるだろう。

私は、もう少し具体的に皆さまに知ってもらうために、この本の執筆を志した。

このまま何もしないで今まで通りの生活を続けるとしたら、近い将来地球の広範囲が砂漠化し、餓死者が大量に発生する。

この危機を、改めて皆さまと共有したいと思ったのである。

地球の面積の約40％は乾燥地帯で、そこに暮らす人たちは20億人を超える。乾燥地帯には、世界人口の約25％の人々が住む。さらに、その90％以上が開発途上国の人たちとされている。

乾燥地区の定義は、年間降水量が２５０㎜以内とされている。通常の降雨量は、年平均７００㎜～９００㎜である。砂漠化の原因は、気候的要因、人為的要因である。人為的要因とは、過放牧、森林の過伐採、過耕作、人類の増加、工業化が進むことによる大気汚染の増大等である。

砂漠化の進行について、1年間で九州地方ほどの面積が砂漠となっていると、専門誌のデータが示している。

砂漠化が目の前で進んでいることを、どう考えるべきだろうか。

日本の降雨量は約１７００㎜程度であるが、今の生活を続ければ、日本もまた保証の限りではないと言っておこう。

地球環境を語るには、それなりの経験と知識が必要と考える。

私は専門の学者ではないが、長年化石燃料と関わってきた一経営者だ。

僭越ではあるが、その経験と知識をどのように習得したか、一昨年初出版した著書、『あきらめなければ失敗ではない』に詳しく書かれているので、参考にしていただければと思う。

目次

I 地球は悲鳴を上げている

II 世界の中の日本として

III 地球を守るために

I

地球は悲鳴を上げている

石油は有限な資源。あと39年で枯渇する！

私は、ある統計によって発表された数値を基にして考察を始め、予想埋蔵量と世界中で使用される量を対比して、「39年」という数字を割り出した。

一般的には30年から50年と表現されているので多少の誤差はあるが、いずれにしても近い将来枯渇することには相違ない。

まずは、月から見た地球を撮影した写真をご覧いただきたい。

画像提供：PIXTA

石油は、この地球に無尽蔵にはない。

この地球には、石油や天然ガス（炭素エネルギー）が地中内に埋蔵されている。直径約1万2700㎞の地球は、その表面の70％が海で、陸が30％である。

石油は地中どこでも採掘可能と思うが、限られた場所からしか取れないものだ。

然るに、日本ではほとんど取れず、外国からの輸入に頼っている。

産出国は大きく見て、ベネズエラ、アメリカ、中近東、ロシア、カナダ等、その他の国少々である。その他の地区でも産出されているが、無尽蔵にあるわけではない。

使用すれば、その分なくなっていくのである。

一般的に化石エネルギーは、
①石油
②ガス（天然ガス、LPガス）
③石炭
に分類される。

英国BP社調査でも、人類が現在通りの消費を続ければ、石油と同様、天然ガスも50年、石炭は130年前後で枯渇すると発表している。

この報告の通りとすると大変なことになるから、代替エネルギーを併用して、化石エネルギーの温存を真剣に考える必要がある。

ガスと石炭は今のところ燃料としてしか使用できないが、石油は燃料はもちろんのこと、他に人類の生活になくてはならない製品も作り出しているのである。

本書の前半は石油の枯渇についての悲観論が多いが、後半では石油、ガス、石炭と代替エネルギーを併用することによる画期的な提案をしていきたい。


石油は、どのようにしてできたのか。


何千年何万年前の大小の生き物が死滅し、草木と土、砂が積もり重なって、土の重み、熱の変化、雨の浸透によって、やがて炭素ができる。

これが石油の源である。

現状のままわれわれ人類が使用し続けると、約39年で枯渇する、というデータがある。

つまり39年後にはこの地球から石油がなくなるのだ。

その結果、世界の人類はどのようになるか、想像してみてほしい。石油はわれわれわれの生活に密着しているので、どれだけ大変な事態になりそうかを、後に述べようと考える。

世界で大量消費されている石油

「本当に39年後には枯渇の危機が来るのだろうか」
という疑問をお持ちの方もいることだろう。
英国ＢＰの調査統計より、数字を見てみよう（調査年２０２０年に基づく結果）。

世界の石油確認埋蔵量は、２０２０年末時点で約１兆７，３２４億バレル。

石油推定埋蔵量は推定だから、今後39年の間に、地殻変動が起きたり、地球上での不慮の事故等が起きれば、枯渇年数が早まる可能性がある。本当に石油がなくなるのか、心配である。

世界中で消費している石油量は、１日当たり８，８４８万バレル／換算＝１４０億リットル。

■ 世界の石油生産量（2020年）、単位（万バレル）

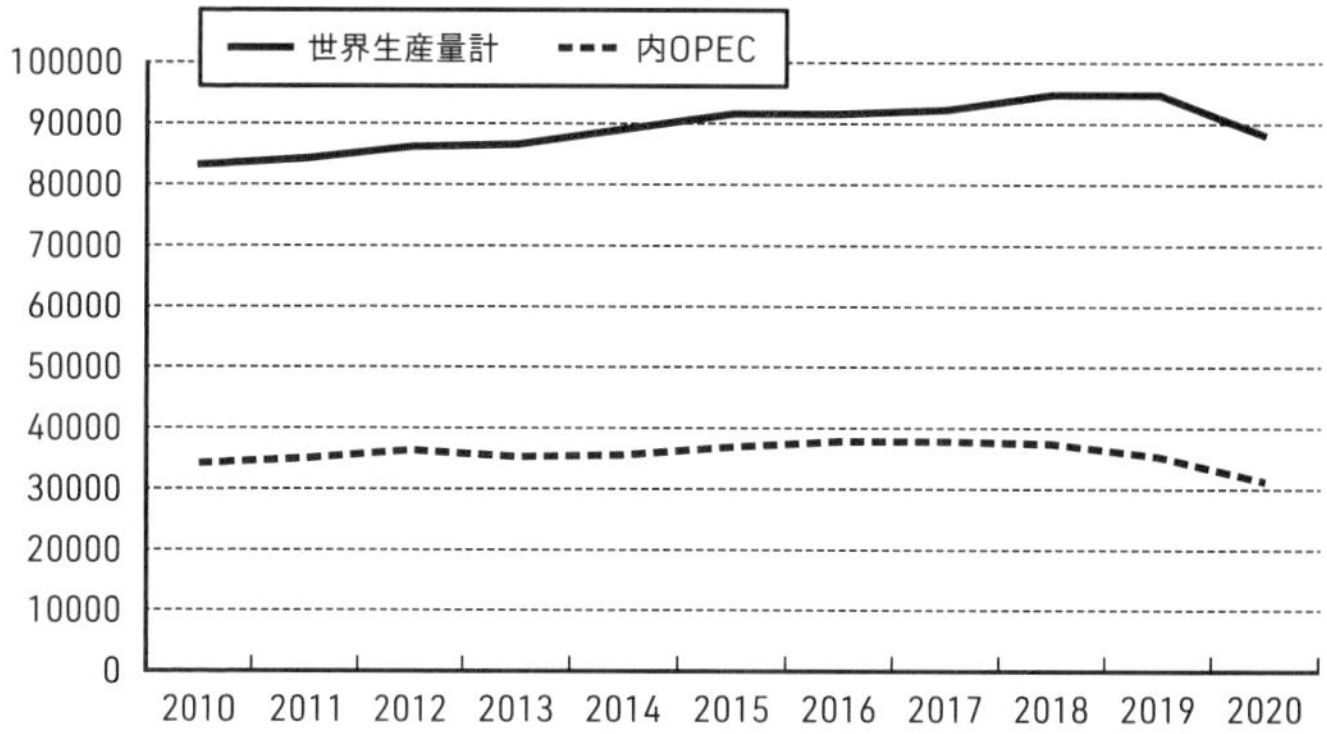

資料：英BP

日本一大きな湖である琵琶湖の保有水量は、約２７５億トンで、これを世界中の１日の消費量（１４０億リットル）で割ると、約１９６４となる。

琵琶湖の水の量の石油を１９６４日で使っている、という事実を想像してみてほしい。小さな地球で、これだけの石油が燃焼して、二酸化炭素を大気に放出している。

39年後の石油枯渇と、地球温暖化の危機が、現実味をもって理解できるのではないかと思う。

二酸化炭素の放出熱で、地球の温暖化も現実味を帯びてくる。

また、石油はエネルギーだけでなく、人類に貢献している。石油を使っている身近な製品について考えてみよう。

〈衣料関係〉

われわれの衣料であるズボン、上着、下着、作業着、靴下、スポーツウェア等の大部分は、ポリエステル繊維、アクリル、ナイロン、アセテート等でできていて、その割合は、80%～85%に達している。

石油が枯渇すれば、石油由来繊維の代わりに、綿、ウール、麻、レーヨンと限られた天然繊維に変わる。昔は大半が天然繊維であったが、現在では原料調達が難しくなっているのだ。

〈食料関係〉

人間の口に入れるものだけに、直接食品となるものは少ないが、食品加工になくてはならないエネルギーが使われている。

揚げ物、煮物、焼き物、添加物等、加工時には、味付け、殺菌洗浄に、石油が多く使われている。また、包装紙も石油由来製品が多用されている。

〈住宅関係〉

壁紙、寝具、カーテン、マット、保温材のほか、今時は屋根も瓦に代わって、保温、耐熱、強度、軽量、作業性等で引けを取らない、石油由来製品である材料も使用されている。基礎工事と骨組み（木材、床面材、鉄骨）を除くと、現在建築は全て石油が原料になっていると申し上げても過言ではない。

〈自動車関係〉

骨組み、エンジン、外壁等一部を除き、ほとんどの備品は石油からできている。座席シート、足元マット、天井材、内装材、トランクの保護材、バンパー等は石油がもとになっている。

既に飛行機、自動車の外壁を炭素繊維で製作することも、検討されている。

この炭素繊維は、鉄よりも強く、軽くて加工が容易な材料であるとされていて、石油のもとのアクリル繊維からできているのである。

〈家電関係〉
テレビ、パソコン、洗濯機は、外側の部分を除き、ほとんどが石油を原料とする。

〈家庭用具〉
家電関係と同じく、外側の部分を除き、ほとんどが石油を原料とする。

以上のように、生活に密着した製品の多くが、化石燃料（石油）をもとに作られている。化石燃料が枯渇する時期が来ることは間違いなく、代替品及び代替機能製品にシフトしていかなければならない。

この変化で、われわれの生活環境が大きく変動するのは、変えられない未来である。不便を感じないよう、準備が必要と考える。

石油の高騰～年々増加する、エネルギー消費量～

ある統計では、石油の1965年度と2016年度の使用量を比較すると、約3倍に増加しているという。

さらに現在は、コロナ禍とロシアのウクライナ侵攻により、ガソリンなどの価格が10円～20円／L上昇した、と大騒ぎしている。

日本の政治家が、慌てて上昇した単価に対する補助金を出すと発表したが、何を考えているのか疑問である。

先行きの国の財政を考えずに、その場限りの場当たり政策をとって、国民の支持を得ようとしても、あまり効果はなさそうだ。

日本はほとんど石油を産出できないので、今後も不測の事態があろうが、石油は大切に使うことが大切である。

政治家は、一時的に国民の支持を損なっても、限られたエネルギーの使用量の削減を呼びかけるべきである。

ここ北陸の電力会社は、２０２２年度決算で未曾有の赤字を計上することになった。ほかの地域の電力会社も、同様と思う。

石炭などの燃料費の高騰が原因で、電気代の値上げが発表された。

国民は、ロシアのウクライナ侵攻で、円安による輸入品の高騰は理解している。補助金を出す政策は止めて、勇気をもって国民に節減と、エネルギー価格高騰の理解をしてもらい、無駄な支出をしないことである。

ここで、世の中が化石エネルギーの大切さを徐々に理解してきたことを報告しよう。

私の住んでいる石川県の製造業者１６８社の調査で、約86％が原子力発電の再稼働を求めている。ついこの間まで原発反対を言っていたが、電気代高騰で足元に火がついてきたのである。

石川県だけのことでなく、日本全国、世界も追随していくことだろう。

（石川県鉄工機電協会調査による結果）

昨年の参議院選挙では、９人の党首が国民に自分の政党の公約を、懸命にアピールしていた。私は政治家ではないので細かいことはわからないが、公約自体は、それぞれの想いを集約したものなのだろうと思う。

しかし、それにしては景気や雇用、年金などの社会保障、物価対策の安定化等、当たり前のことばかり言っていた。

まあ、それはそれなりに、その通りであろうから、有力な政党、二番、三番の政党ならそれでよい。

しかし、それ以下の党には、当選するには不利だ。上位の党と対等に戦うには、インパクトがあり、説得力のある主張をしなくては勝てないと思う。

ロシアのウクライナ侵攻で、石油、天然ガスの不足と価格高騰が続く。私の支持する党は、省エネを提案している。

世相と上位党を逆手にとって、環境整備を主張するのは効果ありと考える。

コロナ禍とウクライナ侵攻

コロナ禍で、各国が分散して製作していた製品が、メーカーの休業や製作制限をしたため、世界の各産業が部品の不足、納期の遅延等で業績を低下させた。

この教訓を糧に、各国の作業方法、営業方法が変わってくる。

ロシアは、侵攻する当事者で、おまけに化石エネルギー埋蔵量が豊富だから、危惧することはないだろう。

しかし、今回のウクライナ侵攻によって、ロシアはエネルギーの輸出先を大幅に失うことになる。

ヨーロッパ各国は、ロシアからの天然ガスや石油の輸送もパイプラインで簡単に送れ、価格も安く手に入れてきた。侵攻は予想外であったと思うが、各国共に既に脱炭素化に熱心で、近い将来に代替エネルギーに切り替えるべく、まだ時間はかかるが開発に国を挙げて取り組んでいる。

ヨーロッパでは、いずれは天然ガス、化石燃料も切られる運命であったのかもしれない。

ここで、なぜ化石エネルギーが安く入手できるのか分析してみよう。

ご存じのように石油、天然ガスは、何千年も前から地下に眠っていたのである。簡単に申し上げれば、地下にパイプを打ち込み吸い上げて、精製するだけである。精製技術は多少必要だが、大したノウハウは必要なく、設備費用も多くはかからない。なおかつ天然のものだから、原価は無料である。故に、石油は安いのだ。

私見では、産油国のガソリン価格設定は、いい加減である。

ロシアは後半で明示した通り、人件費が格安なのである。したがって各国安くて入手し易い、ロシア産の石油を買っていたのである。

代替エネルギーを使用するとなると、風力発電、原子力発電所、その他の発電も、莫大な設備費と人件費、管理費等がかかることは理解できる。

つまりこの費用は例えば3倍、5倍となって、われわれ消費者に跳ね返ってくるのだ。

それでも人類は、近い将来、代替エネルギーに頼らなければならないのだ。

地球の温暖化

大量の化石燃料が無駄に使用され、二酸化炭素（CO_2）が大気に放出されている。

このまま使用し続けると、温暖化が進む一方だ。

原因は大きく分けて、以下の2点が考えられる。

・化石燃料を無駄に消費しすぎている。
・人口の急激な増加。

約60年前、学校の授業で世界の人口は30億人弱と教えられたと記憶している。現在は約80億人で、60年前と比べ約2・5倍に増えていることになる。

特に、アフリカをはじめ発展途上国で急増しているのである。


政府は、2020年10月、2050年に温室効果ガス排出量をゼロにする、〝カーボンニュートラル〟を目指すことを宣言した。2050年の温室効果ガスの排出量を実質0にするには、今後10年間に、官民でクリーンエネルギー開発に対して、150兆円以上の投資が必要であると試算した。

地球環境産業技術研究機構は、二酸化炭素排出量を1トン削減するための費用は、主要国で日本がスイスの次に高いという。

というのも、電源全体に占める火力発電所の比率が約70%に達し、太陽光発電、風力発電など、再生可能エネルギーを増やす余地が大きいからだとされている。

理由として、日本は平坦な土地が少なく、発電所を設置する場所が限られるため、余分な費用が掛かりすぎることが挙げられると思う。

また、産業部門の40%の二酸化炭素を排出している鉄鋼業は、鋼材生産工程で使う原料の石炭を水素へと転換を進めた場合、コストが現状の5倍近くに上昇すると試算する。

代替エネルギーの費用上昇は当初から考えられていたので、政府が強いリーダーシップを発揮することを希望する。

現在の政権のトップが脱炭素と代替エネルギーへの置き換えに熱心であるので、多くの進展に期待したい。

代替エネルギーの開発は当然必要で、それに伴う物価上昇は避けられないと思う。この費用上昇を、私たちは当然と思わなければならない。地球環境を守るためには、甘い考えは避けていかなければならないだろう。

地球からの警告を無視し続けると、如実に厳しい現実に直面することになる。

ここ3年～4年位前から、われわれ人類は、夏場に異常な高温度を経験している。既に、昨年は6月に40℃を超した地区が多く報告されている。

6月の40℃は、観測史上、初めてであるとの報告である。今後7月、8月の最盛期は、いったい何度まで上昇するのか危機感を持っている。

また、梅雨時期から夏場にかけて、集中豪雨による川の氾濫が増え、被害も大きくなっている。以前は川の濁流は堤防の下に見えていたが、近年は堤防を飲み込むようで、大変な恐怖を感じる。

それだけ降雨量が多く、集中して降っているのだろう。自然の災害も雨量に比例して大きくなっている。濁流が、われわれ人類の過度な国土開発や贅沢な日常生活に、警告しているのではないかと思う。

一方で世界に目を向けると、アフリカでは百年に一度の異常干ばつで人々に被害が出ている。多くの餓死者の報告もある。

アメリカでは、一昨年超大型のハリケーンが上陸して、町全体を壊滅させ多くの死傷者を出したことを、読者の皆さんも報道でご存じと思われる。

アジアの一部では経験のない大型台風に襲われ、島ごと総なめにして走り去る惨状を見て、地球の温暖化による温度変化の大差がもたらす被害の大きさを知るべきと思う。

一方、開発途上国では、干ばつで人類だけでなく多くの野生動物が、食料不足と水不足で死滅していると報道で知った。干ばつで水がなくなり農作物が壊滅すれば、現金が入らない。肥料、農薬が手に入らないので農業生産ができなくなる。

全てが悪い方向に進み、手の打ちようがなく、地獄のループへ落ちていく。

この状況は、今は開発途上国の現状であっても、近い将来にはわれわれの前にも立ちはだかってくる問題となることは間違いないだろう。

今回のロシアのウクライナ侵攻で、エネルギーをはじめ食料品も値上がりし、世界が大騒ぎしている。生きるための食料の供給が、いかに不安定であるか。

何度も申し上げるように、このままだと、地球の異変はこの程度では収まらない。穀物生産国は、現在は安定しているから、わが国も穀物を輸入して平和に過ごせている。しかし、穀物生産国といえども、干ばつ、水不足、自然災害の発生で自国の食糧不足が起きてくれば、輸出ができるか否かは未知数だ。

どこの国も、自分の国の穀物自給が不足して問題になっている際、他国の援助ができるだろうか。

今回の騒動で理解できたと思うが、政府は、まず食料品の自給率を上げる努力をすべきと思う。

水不足の予感

今までの地球環境は、適度な温度と湿度の相関関係が保たれていたので、温度が高くなれば水分が蒸発して雲が発生し、雨が降り適量な水が保持できたのである。

「小学校、中学校時代に教わったから、そんなことは知ってる」

とお叱りを受けるだろうか。

今後、地上の気温が上昇すると、湿度と温度のバランスが崩れ出し、雨が降っても高温のためすぐに蒸発して、地上に滞留する水分が不足してくる。

水が不足すれば、われわれ人類はもちろん、他の動物、植物はどのようになるか、ここで一度想像してほしい。

研究者、専門家、政治家が何とかするから、心配はご無用と思う方もいるだろうか？

これは、仮定の話などではない。既に進行していて、これからわれわれの前に立ちはだかる現実である。

地球の表面は、3分の2が水で覆われている。しかし、大部分は海水であり、淡水はわずか2・5％程度と言われている。

淡水のうち、3分の2は北極、南極の氷河であり、残りの3分の1は地下水である。

この数字を見ると、水不足が現実味を帯びてくる。


ただし、淡水がなくなっても、海水、汚水を真水にする技術は既に確立されている。日本の加工技術、機械技術、製造の技術の努力の賜物である。

この技術は機械装置も含め、海外で納入された実績があるが、莫大なエネルギーと設備費用が掛かる。無料の水のありがたさを知るべきである。


「地球の温度が上昇すると、水不足になるの？」

と、まだピンとこない方のために、その仕組みを詳しく説明しよう。


地球の気温が上昇すれば、従来の風の流れ、風の方向性、各地形の場所の温度変化が起こってくる。当然ながら、降雨時期及び降雪時期に、雨量の変化等が大きく変わってくる。

寒暖の差が発生し、豪雨、台風発生が起こりやすくなる。

その一方、霧雨、時雨、夕立、五月雨等の弱い雨が少なくなり、一時的な豪雨が押し寄せる。いわゆる、〝ゲリラ豪雨〟である。

梅雨等、毎年定期的に降る雨も、不順となり、水不足が起こってくる。

昨年は、この水不足災害をわれわれ人類が経験することとなった。

インド、中国、ヨーロッパの一部が干ばつになり、穀物、野菜が壊滅した。一方、パキスタンの3分の1が水につかったのは、耳新しい災害であった。

このように災害が毎年のように繰り返され、被害が加速度的に大きくなっていく。

原因は、やはりわれわれ人類の過剰な無駄使い、地球を大切にしなかったことによる温暖化であろう。

砂漠化の様相

これだけ地球を傷つけて災害の恐怖を経験しても、一向に修正の努力もせず、他人事のように思う人に、耳をふさぎたくなる、現実の話をしよう。

まず、水が30％少なくなると、当然飲料水が不足し、食料もなくなり餓死者が多く発生する。

既に、現在でも餓死者は増加傾向にあり、今後一層増加していく。水不足は、人口密度が高い発展途上国から直撃して、地球の砂漠化へと進んでいく。

次に、植物が水不足のため育たなくなり、食料困難になる。

主食の米、小麦、トウモロコシ等はもちろんのこと、野菜、果物は収穫できず、人類、動物の餓死が進行していく。

貧富の格差、温暖化、森が失われ、表土が荒れ、農地不足、水不足となり、悲壮感ばかりつのるのが、近い将来の姿である。

私は数年前、バーレーンからハンガリーに向かう飛行機に乗り、上空から下界を見て驚いた。

ネフド砂漠の上空を長時間経過しても、茶色い砂漠が延々続き、時々枯れ木が散乱しているが、動物、植物が見えない荒地である。

当然人も住めない。こんな状態がいつか日本にも押し寄せてくるかもしれないと思うと、本当に身が引きしまる。

最新の情報では、ヨーロッパの大河であるライン川が水不足で川底が現れている。

中国では砂漠化が毎年進んでいるし、干ばつで植物が育たなくなっている。昨年は雨が降らず、熱波と干ばつで、穀物が大被害を受けた。

一方、パキスタンでは、各地で大洪水が発生し、およそ1000人もの死者が出た。

戦争など、している場合ではない。

食物連鎖の崩壊

自然界では、植物を小動物が食べ、小動物を中型動物が食べ、中型動物を大型動物が……という連鎖が保たれていた。

ところが、山野の植物が水不足によって枯れ、植物を糧にしている野生動物も少なくなる。

落葉や倒木を放置しておくと、病原菌が発生し、環境が保たれなくなる。

倒木や枯葉はミミズ、蟻等が消化してくれて、ミミズ等は亀、小鳥等が消化してくれる。

そして中型から大型動物へと、保たれていた連鎖が崩壊してしまう。

そうすると、環境は荒れ果てる。

倒木を放置することで強力菌が大流行し、社会に大きな弊害がくることも想像できるのではないだろうか。

林業振興で山の手入れを

世界の森林伐採状況をみると、天然自然林が、毎月大量に伐採されている。主に南米大陸、アフリカ、インドネシア、ロシアに集中しており、日本は各国から材木を70％輸入している。

世界の森林伐採に、われわれは多くの貢献をしていることになる。

私は、およそ20年前に仕事でインドネシアを訪問した際、各地で木材が伐採され、放置されている所を目にした。伐採前は密林であっただろうにと思い、現地の人に質問した。

「この木材はどこの国に輸出されるのか」

ほとんどが日本に行くと聞き、愕然とした。

過剰伐採をして自然を破壊に追い込む前に、日本は輸入量を減らして国産に切り替える対策が必要である。世界の環境の整備と国産業者の育成、その両面から取り組むべきである。安易に補助金を出すのはあまり賛成できないが、大義名分があるので、政府の考慮を促したい。

２０２１年頃から、コロナ禍、円安、ロシア侵攻等の影響で、世界的に木材が不足する〝ウッドショック〟が起こり、輸入価格が上昇した。国内産が30％程度だったのが、上昇気流にのり、需要が多くなった。

兵庫県北播磨地区の森林組合は、生産体制と設備人材を強化し、販売体制を確立した。日本の場合は、木材伐採前後に不要材は取り除いて環境を整備し、次代のために植林をする。

一方で、他国は伐採面積が広すぎて、手入れ、整備等はせず放置のままである。世界の森林協会は、伐採後には整備環境を実行する規約を作っている。

日本人は、大昔から木材による建築を主とし、切っても切れない存在である。日本のどこに行っても檜、杉木の植林がされているが、あまり手入れがされていない様子である。輸入品が多く販売が順調ではないため手が回らないことは承知しているが、残念に思っていた。

ところが、最近九州の一部では、アジア富裕層向けに日本の高級木材の輸出が好調で、輸出港では、輸出用の原木を仮置きする〝原木ヤード〟も整備されたと聞く。しっかり手をかけた日本の木材が高級品として評価され輸出されるのは、喜ばしいことである。

警告ばかりしていても気が滅入るので、生活感のある話題にも触れよう。

日本の山は、現在、あまり手入れができていないと申し上げた。そのため、キノコが採れなくなっている。

私が子どもの頃は、松林に行って落ち葉をかき集め、風呂場の薪にするのが仕事であった。

落ち葉を拾って地面が僅かに見える程度にすると、松茸が顔を出していて収穫できたものだ。家族の臨時収入にもなり、喜ばれた。

形の良いものは売り物にして、やや傷みのあるものは、わが家の食卓で食べられた。子どもながら、なんと美味しいものかと思っていた。

その後就職して都会に出てしばらく忘れていたが、ある時、八百屋で松茸の値段を見てびっくりした。こんなに高価なものだとは思っていなかったのだ。

現在でも秋になるとスーパーで見かけるが、ほとんどが外国産で、たまに日本製があると思うと、小さなものでも一万円はするので手が出せないし、家内は外国産でも高いと言うので、なかなか口に入らない。

落ち葉をとれば松茸を見つけられるのにと、ほぞをかんでいる。

もう一方での大陸崩壊

人口の大幅な増加により、食料を確保するために森林を伐採し、焼き畑農場や放牧地を拡大させ、既存の野生動物とのトラブルを起こしている地域がある。

例えば、アマゾンの広大な森林は、われわれが排出している二酸化炭素を吸収して酸素を排出し、地球環境を保っていることはご存じと思う。

この森林が、毎年、日本で五番目に大きい新潟県に相当する面積分も失われているという。

森林は、世界的な重要資源である。それを守るのがわれわれ人類の仕事でもある。近年は山火事も多く発生し、そのたびに動植物が被害を受けているのである。一部では環境維持のために努力している人もおられるが、ほとんどが放置状態である。

アフリカのサバンナは、野生の王国として有名だが、人類が農地を増やして、家畜の放牧を拡大している。野生動物は家畜を狙うため、人と野生動物との衝突が伝えられている。自分たちの身近なところから、われわれはこのような状況を防ぐ努力が必要である。

古紙1トンを再生することで、立木20本は切られなくて済む。今後、人類はこんな小さなことから、10年先に起こる災難に耐える備えをすることが重要だ。

森林の〝違法伐採〟を防げ

「林業振興で山の手入れを」とお伝えしたが、一方で、世界の森林面積の減少の一因に「違法伐採」がある。

無軌道な開発などとは一線を画す、犯罪との境目が曖昧な、グレーゾーンの行為である。主に、以下の行為が問題視されている。

・各国の法令で許可した量や面積を守らない伐採
・国立公園や森林保護区といった、伐採禁止区域での伐採
・他人の土地で勝手に行う盗採

これらの違法伐採は、現実として不当に安い価格で輸出される場合が多い。価格に目を惹かれて安易に輸入して販売するとすれば、輸入側の責任も大きいのではないかと考える。

事態を重く見た政府は、農林水産省などで、輸入業者や製材業者に対して取り扱う木材が違法伐採によるものではないことを確認するよう義務付ける方針を示している。今後、是正勧告や業者名の公表、罰金の徴収などができるようにする予定とされている。

日本でも法律として2017年には、「クリーンウッド法」を施行した。残念なのは、確認は努力義務でしかなく、罰則規定がないことだ。

現在、合法的に伐採された輸入木材と確認されているのは、約4割とのこと。法律の効果が限定的との指摘が出て、政府は法改正に乗り出す予定であるという。

一方、国内産の木材であれば、伐採が違法に行われたかどうかの確認はたやすい。この現状に鑑み、国内産の木材を活用するよう提言する意見もある。

いずれにしても、木材は住宅建築以外にも、家具や紙などの原材料として、幅広い製品に使われている。

政府は今後も情報をしっかりと収集し、輸入業者を支援して、違法伐採撲滅へ邁進してほしいものだと思う。

野生動物の殺戮と人類の軽率

私は、報道番組の映像などで野生動物の殺戮の場面を見ると、強いショックを受ける。何の根拠もないのに、精力剤になるとしてサイを殺して角のみを取り、そのまま放置している。

ゾウの牙は装飾品、印鑑、又は日用品に使われているが、サイと同じように殺して牙だけを取る。

トラ、ヒョウ等、毛皮の美しい野生動物を殺して、店に商品として置いてある。

私は、貴重な動物をこんな形で、自慢気に飾ることを不愉快と感じる。

美しい動物の多くは、人類により大きな被害を受け、絶滅危惧種となった。

トラ、ヒョウ等の大型肉食獣に絶滅の危機が迫れば、どのようになるか。

天敵の肉食動物が減少すれば、草食動物が多くなり、草類、樹木が食べつくされる。その地区は草木がなくなり、食物連鎖が崩れ、砂漠化へと進んでいく。いずれにしても、環境が破壊され、温暖化へと進み、悪循環のルートに入っていく。

現地では違法者取り締まりのために警備員が保護活動をしているが、一向に収まらない。希少動物売買を繰り返す現地の貧しい殺戮者への刑罰を重くすると同時に、それを購入する経済的に豊かな消費者に、一層の重い刑を受けさせることを提案したい。

この動物たちの輸入は、ワシントン条約で禁止されているが、法律を違反しての取引が減らない現状は、非常に嘆かわしいと思っている。

《野生動物とのトラブルが報告される主な国》

サイ　アフリカ、タンザニア（セレンゲティ国立公園）

ヒョウ　アフリカ大陸

ゾウ　インド

トラ　インド

セレンゲティは野生動物の聖地であったが、人間の居住範囲の広がりに伴い、放牧する家畜などを襲う事例が増加した。

その報復として、絶滅危惧種の多い野生動物を殺戮する、人間の身勝手さは恥ずべきものだ。

海の災害

陸から海へとテーマを移そう。

海も、陸地に近い被害を受けている。

陸から海を眺めて、「なんと美しい海だ」と、感心するのは良いが、海中では、とんでもないことが起きている。海の専門家、学者、漁業関係者は、大変危機感を持っている。


陸地で作物を栽培する際、虫の被害、作物の病気予防のために農薬を散布する。近年は、特に作物の美観、高い品質を問われるために、農薬の散布が多くなっている。

その、積もりに積もった農薬が、雨が降った時に水と一緒に海に流れ込んでくる。

日本では、産業の廃液は浄化されてから放流するが、開発途上国は毒性のある廃液を直接放出する。既にある地区では、貴重なサンゴ礁が枯れて全滅に近くなり、関係者は衝撃を受けている。

サンゴ礁が消滅すればどのようになるか。

陸地について述べたように、海中食物連鎖が崩れてくる。

サンゴ礁は、小魚、中型魚の住処である。住処を奪われた小・中型魚は、大型魚の餌食になってしまう。

なぜこのようになるのか。全てが贅沢、気ままに生きているわれわれ人類が引き起こしたことである。


ちなみに、サンゴ礁は、熱帯、亜熱帯地区の浅瀬に多く分布している。

日本ならば沖縄、九州地区全般で、特に太平洋側に多い。世界的に見ると、グレートバリアリーフのあるオーストラリアやモルジブ環礁、ハワイ等が有名である。


一方で、意外と知られていないのが、サンゴは二酸化炭素吸収に力を発揮するということである。

サンゴの体内では褐虫藻という藻類が共生しており、この藻類の働きにより、サンゴは「動物でありながら光合成を行う不思議生物」だ。光合成により生命活動に必要なエネルギーの大部分を補っているので、太陽光が届き、水がきれいで、温暖な浅海で生息している。

サンゴが光合成により海水の二酸化炭素濃度を調整するので、サンゴ礁に住む何万種もの生物に酸素を供給することができる。サンゴ礁に魚影が濃い所以である。

専門家の解説によると、サンゴの二酸化炭素吸収率は、1㎡あたり4・3キログラム／年といわれている。海洋に溶け込む二酸化炭素の10分の1は、サンゴによって吸収されるとのこと。動物なのに、陸地にある森林と同じ役割を果たすので、サンゴ礁は「海の森」と呼ばれることもあるくらいだ。

サンゴが枯渇してしまうと、その海域の海中では二酸化炭素濃度のバランスが崩れ、それに連れて、生態系バランスも崩れていく可能性が高いと考えられている。

海岸に押し寄せる漂流ゴミ

日本海の沿岸部全体に、プラスチックのゴミが散乱している。各地区で苦心して取り除いても、後を絶たずに漂着し、切りがない。漂流ゴミに日本製は殆どなく、多くは中国、韓国、北朝鮮製である。ここからも破壊が始まっている。

漂流ゴミの影響で、魚類がプラスチック製品を食べて死んでいくデータが多くある。既にG20大阪サミットで放置制限を論議されているが、各人の自覚が必要である。ゴミの海洋投棄は許されない、という世界共通の理解を醸成したいものだ。

故意ではなくとも、一説によると、陸から海へ流出するプラスチックゴミは、1年で800万トンともいう。

プラスチックゴミは、生分解はしないが、「マイクロプラスチック」という5ミリ以下の小さな粒に砕けていく性質がある。ペットボトル飲料にも、マイクロプラスチックは製造過程で含まれてしまうようで、その安全性が一時取り沙汰された。

海に漂うマイクロプラスチックは、表面がでこぼこしている形状のため、海中の有害物質を表面に集めやすい性質を持っている。有害物質まみれのマイクロプラスチックを沿岸域の魚が食べると、われわれの食卓に上がる沿岸の魚は有害物質を含んだものになるのでは、と危惧する声がある。

手軽で便利なプラスチック製品であるが、ペットボトル飲料が海洋汚染につながることもあるようだ。

外国からの漂流ごみ問題に加えて、普段の生活からプラスチック製品を減らす努力も必要かもしれない。

海水温度の上昇

2〜3年前から海の温度が上昇していると、新聞、テレビで報道されているのをご存じだろうか。

近年、北海道と東北の漁港では、収穫に異変が起きている。

例えば、これまで東北の漁港では、毎年サンマが大量に収穫できたが、この1、2年サンマはほとんど取れず、サバが多くとれた。

北海道では、鮭が取れる時期にサンマが取れて、漁師さん、漁連の関係者の戸惑いと先行きの不安が交錯している様子を見て、やはり何かが起こりつつあると感じる。

また、ある所ではイカが全く取れず、昨年1年は収穫を見送ったという。

愕然とする漁師さんの姿を見て、何か手助けができないものかと、無力な自分を腹立たしく思ったほどである。

原因は何だと思われるだろうか。

イカの産卵は海水温度に影響を受けるとのことで、海水温の上昇が原因ではないかと、漁師さんが話していた。食卓の常連であるイカも、そのうちに食卓から消えるのではと思うと、やりきれない。


陸も海も昇温による被害が出ているが、全てわれわれ人類が引き起こしたもので、自然の怒りが身近に警報を発している。

予期せぬ天罰を下されないよう、願うだけである。

われわれの祖先が何千年と守ってきた豊かな地球に、過去にもこんな惨事があったのだろうか。

海水温度上昇の原因

地球の水は、人間の活動で生じた温室効果ガスによる熱エネルギーを一定にすることで、大気の温度上昇をやわらげる役割を担っている。

地球の体温計が、ここ数年、海水温度の上昇更新を続けていると表示している。

地上の温暖化が、海にまで影響を及ぼしているのである。


地上の温度上昇により、氷河、氷床が溶解して海面が上昇し、抑えが利かなくなってきた。氷河、氷床の冷蔵庫としての役目に、限りが見えてきたのである。

温室効果ガスの排出の大幅な削減が、ここでも叫ばれている。

なぜ地球は急速に温暖化に向かっているのか

地球の温暖化が急激に進んでいる。

その原因を、以下の通りと考えてみた。

A　人類の急速な増加
B　無駄に化石燃料を使いすぎている
C　人類の贅沢

現在の食事、食品は大変多様化している。豊かさは良いことであるのは間違いないが、弊害もあることを知るべきである。

肉食性食品、特に外食産業の肉類の多さが目につく。

肉類は、鶏、豚、牛ともに精肉になるまで、穀物などの飼料を大量に与え続けなければ食品にはならない。エサをたっぷり食べているからこその美味しさでもある。米や麦などの食料と比べて、より二酸化炭素を消費して成り立つ食品でもある。

また、美味しい、食べたいと思えば、何時でも好きなものを好きなだけ食べられる時代になった。

それはそれなりに良いことだが、半面弊害が生じていることもある。

大幅に体重が増え、血糖値も上昇し、内臓疾患を患い、病院通いをしなければならない。皮下脂肪も増大し、ぜい肉が付きすぎ、苦労している人が多い。特に若い人に目立っている。

体重を落とすために、ストレッチ器具を買ったり、ジムに通ったりして、減量に励む。平均体重をはるかにオーバーすると、膝に負担がかかり、病院通いしている人をよく見かける。

テレビのコマーシャルで、ひざ痛には何々の薬が良いと宣伝するが、余りにも多すぎて迷うことだろう。まるで、自分の体をもて遊んでいるようである。

私は81歳になったが、幼児のころ食料不足を体験している同年配の人は、現在の飽食時代を何と思うことだろうか？

食品スーパーに行くと品物があまりに多く、何を購入すれば良いか戸惑うことが多い。選ぶだけで、一苦労である。

本書のテーマは、「地球を守る」であるから、食品の多様化については選択の自由があるとはいえ、地球の環境問題につながってくることなので、重要である。

多くの食品には賞味期限が表示されていて、流通ではそれを守らなければならない。期限切れとなった商品の一部は再加工して有効に利用されているようだが、全商品の何パーセントかは、廃棄処分をしなければならない。

無駄にエネルギーと労力を消費する悪例である。

スーパーや食品工場からパンや麵、野菜のくずなどに分類されてトラックで持ち込まれる大量の廃棄食品。

返品や期限切れ、食べ残し等で、本来食べられるものがこうして捨てられる（食品ロス）。廃棄処分をするのに焼却されると思うが、ここで多くの化石燃料を使っている。食品廃棄物などの生ゴミは、石油などの補助燃料をかけないと、水分が多いのでいきなりは燃えてくれないからだ。

世界の食糧貿易は拡大し、食のグローバル化は進んでいるが、それが地球に深刻な影響を与えている。

過剰に食品を廃棄する国と、明日の食料がなく餓死する人が多い国とのギャップを、どのようになくすのか。

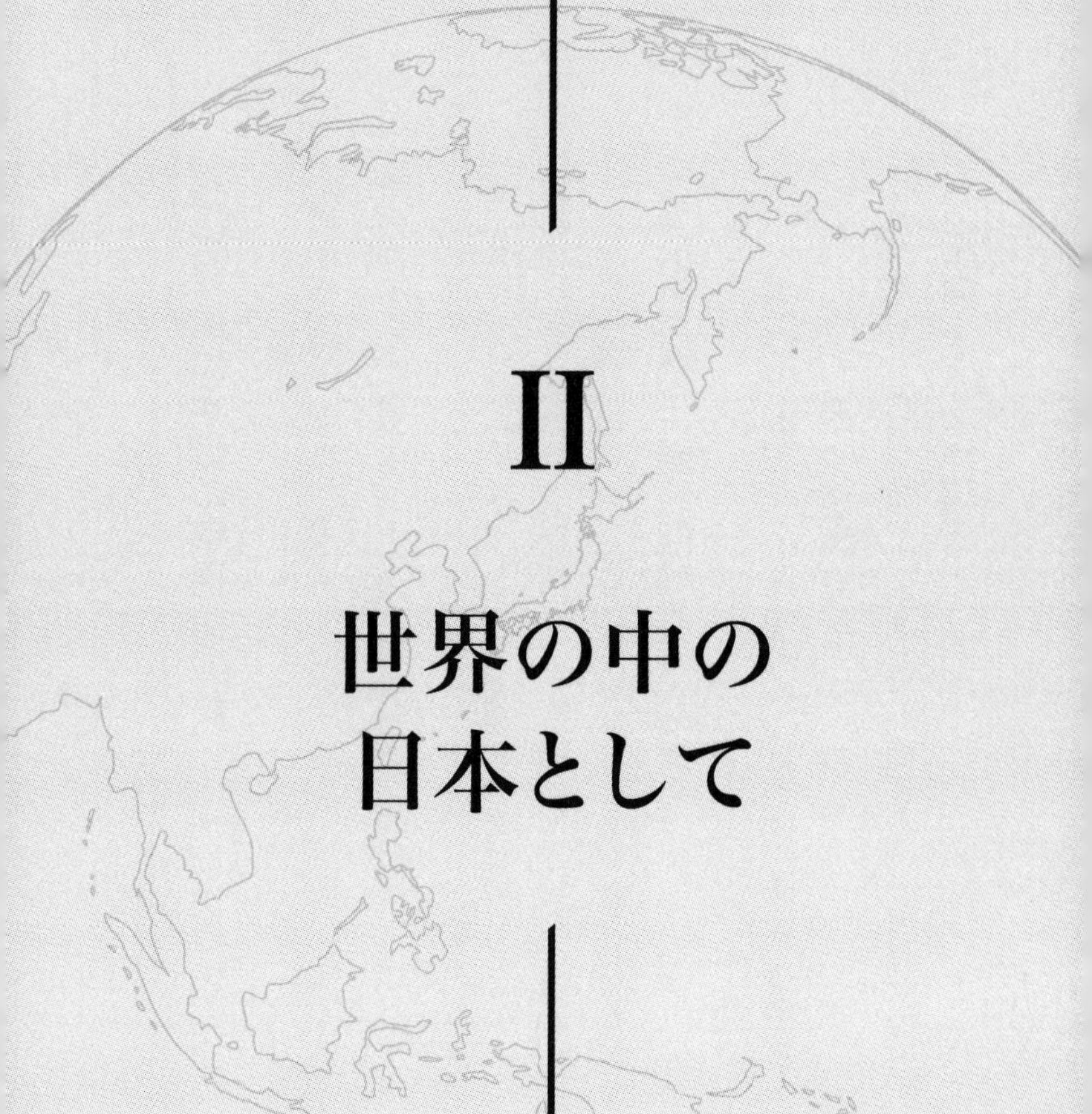

II

世界の中の日本として

経済発展は本当に幸福なのか

産業革命以降、世界の各国の経済は発展し、生活も向上した。世界的に見れば多くの国は経済繁栄で潤ったが、いまだに恩恵にほど遠い国もある。

恩恵に与った国の中でも、本当に幸福感はあるのだろうか？

世界の一握りの人は、何兆円、何十億円を稼ぎ出し、財政の豊かさを満喫しているだろう。世界の中間層以下も、家庭財政が潤い、テレビも自家用車も、最大の目標のマイホームも手に入れて、一瞬の幸せを味わっただろう。

ところが、マイホームを手には入れたが、その後は、何十年ものローンと付き合わねばならず、生活するのに必死である。

また、テレビも自家用車も追加し、利便性が当たり前になり、気が付けば、無駄に化石燃料を消費しているのである。

現在も頑張っておられる高齢者の方々は、幼年期には、現在のように便利な電化製品など何もない時代を過ごしたはずだ。

その、何もない時代は、不幸せであったのだろうか？

何度も申し上げるように、この地球が現状のまま永遠に続くならば、今まで通りで良いと思う。

しかし、石油が枯渇するまでの39年の間に、われわれは石油由来製品から脱却するべき時に来ている。

もちろん、今すぐに全てはできないが、われわれ人類は、短期間にこれだけ素晴らしく社会を発展させ、大変な技術も持っている。経済の停滞政策をしても、人類を幸福に導く能力は持っている。

私は、経済、政策、生活等は、地球を守るために、原点に立ち返って〝50年前〟に戻すことが最善と思う。

国としての脱炭素対策への興味

日本や西欧諸国の政治家は、脱炭素エネルギーに対する認識を、多く持ち合わせていると考える。

しかし、自国の拡大と自身の権力を誇示するしか能のない国のリーダーは、一番重要な国民の生活を守るということが、二の次となってしまっている。

ロシアの暴挙によるウクライナ侵攻は、一部を除き多くの国から顰蹙を買っている。

日本も世界の同盟国と同様に、ウクライナに対して資金、物資の提供といった援助をすることは当然だろう。

ただ、違和感をもったものもある。

ウクライナ侵攻で日本国内のガソリンが値上がりしたら、値上がり分を補助するというものなどがそうだ。

脱炭素政策を掲げているのに、ガソリン購入を援助するとは。

脱炭素化に何のメリットもなく、事務方の仕事が増えるだけである。

国民に一言、「このような社会事情だから、エネルギーの削減に協力願いたい」と言えば良い。

それで済むことを、なぜ言えないのか。

本当に脱炭素エネルギーに取り組む姿勢があるのか、いささか疑問である。

約14年前、当時の首相が、大気に放出されている温室効果ガスを「短期間で25％削減する」と発言した。私は、良いことだ、ぜひ実現してほしいと願ったのである。

おかげで、普通車の燃費は通常10～15km／リットルのところ、ハイブリッド車は、20～25km／リットルを達成した。

確かに、車はハイブリッド化し、温室効果ガスの排出量を削減したことは認めるが、他に何の対策もなかった。

本当に削減は実現したのか。

否、統計からして、むしろ増えているのではと思う。

国民や産業界に、「地球環境をよくするための政策だから協力願いたい」と、毅然として言えば良いのだ。

他国の脱炭素エネルギー事情とロシアとの関わり

今回のロシアのウクライナ侵攻で、特にヨーロッパの各国は、予期せぬ被害と騒動で戸惑っていることと思う。

「まさかロシアが……」と、信じられない気持ちだろう。

ヨーロッパ諸国は、ロシアとは陸続きで、ウクライナ・ロシア両国の国主との会話も多くあったであろうに、それを読めなかったことは不覚であろう。

特にドイツは、ロシアからのガスパイプラインの敷設工事を決定した。大きな工事なので、両国間の協議、現場確認等人材接触が多かったはずなのに、なぜロシア側の真意を見抜けなかったのだろう。とんだ失策だ。

各国は、ロシアの安価な石油に惑わされて購入したのだろうが、今となっては高い買い物になったようだ。

私の好きな小説に、ぴったりな言葉が出てくる。

「いつの世にも、悪は絶えない」(『鬼平犯科帳』池波正太郎氏著)

悪は絶えず。そして、一時期栄えても、長くは続かない。

各国は、ロシアのウクライナ侵攻に対する経済制裁のため、ロシアからの輸入を完全に禁止したいのだが、各国の事情があり、急速な断絶は切り出せない。

ロシアに都合の悪いことを言えば、天然ガスのバルブを閉めると脅してくるからだ。

ロシアから天然ガスや石油といった化石燃料の多くを輸入しているドイツ、フランス、イタリアの首脳陣がウクライナを激励のため訪問した。三首脳は、本来ならばロシアを訪問して、停戦を説得すべきではなかっただろうか。

天然ガスのバルブを閉められれば困る国からの腰が引けた激励など、効果があるのだろうか。

外国を批判するのはこれで終わりとするが、わが国も第二次世界大戦で敗戦国になり、北方領土を不合理にロシアに併合されている。

その後はわが国の歴代の首相、多くの関係者が何十年もかけて、誠意ある返還交渉をされているが、大変な外交に苦労されたことと拝察し、心から敬意を表したい。

プーチン大統領は、4年前、ロシアの国主として来日し、両国の平和協定と経済発展に協力すると提案した。北方領土四島を返還することも含め、平和的に隣国としての関係が進んだように見えた。

当時の首相、多くの関係者の神経をすり減らす外交交渉に、われら国民も、希望をもって見つめていた。

国主は両国の繁栄のために良いことだと、大変良い余韻を残して帰国した。

その後、経済の協力を日本側は進めていたが、1年経っても2年経っても、音沙汰がない。

挙句の果てに、「ロシア国民の総意」との勝手な理由をつけ、領土は手放さないという方向で憲法を改正した。北方領土は、ロシアの法律に基づき、今までの交渉はご破算にして、全て凍結すると言う。

外交だから、多少の駆け引きが必要とは思うが、感心しない手を使ったものだ。
本当に四島返還が嫌なら、何十年もの交渉で長引かせず、明確に断るべきである。

私は、プーチン大統領は、政治家として、また人間的にも信用できないと思った。
ウクライナの前大統領ペトロ・ポロシェンコ氏なども、そのような発言をしている。
プーチン大統領は、それでも大統領の地位にしがみつくのか。
最大2期12年、つまり、2036年まで大統領として居座るというのか。

大幅なインフレは今後も続く

昨年10月20日に、為替相場は1ドル150円台に乗せたとニュースになり、32年ぶりと大騒ぎをしている。

直近の物価は約10～15％上昇し、家庭生活が逼迫していると言う。

世界の食料価格が1％上昇すると、1千万人近くが極度の貧困に陥ると試算されているが、世界食料価格指数は、前年に比べ約23％上昇したと発表され、世界銀行は、極度の貧困数は6億5千万～6億7千万人を上回る、と見通している。

今後は、特にアフリカの貧困国36か国へ、極度の貧困が浸透していくそうである。そうなると、大規模な餓死が心配される。

原因は、ウクライナ危機による経済悪化や、小麦の主要産地であるロシアとの戦争を背景にした、食糧価格や飼料価格の上昇が挙げられる。

しかし、ここでもう一つの疑問が湧く。この戦争が終結すれば、悪循環は改善されるのだろうか？

私は、残念ながら、「否」と申し上げたい。

地球の温暖化、化石燃料の枯渇化が進む約15年〜25年後には、「この騒動と比べ物にならない衝撃が襲ってくるだろう」という、警告であると思う。

世界の人類は、今一度心して衝撃的な未来が襲ってこないように抜本的な努力をして、平常の生活が送れるようにと、祈るばかりである。

われわれ人類は、子孫に良いものを残すのが責務で、使い物にならない〝負の資源〞を残すべきではない。

一方で、現在40歳以下の人は、人類として厳しく闘って生活していかねばならないだろうと憂いている。

今から、石油が枯渇する39年後を想定していかなければならない。

自然を破壊してまで虚栄に満ちた生活をすることばかりが、われわれの幸せではない。

しかし、化石燃料依存からの脱却は、われわれ日本だけが努力して済む問題ではない。世界中の国々が一緒になって努力する必要があるが、各国がどこまで理解するか、どこまで手を携えて協力することができるか。

国際協調の難しさが、巨壁として人類の前にそびえ立っている。

エネルギーとの向き合い方

ロシアによるウクライナ侵攻で、世界の人類は驚愕し、今後のエネルギーの輸入方法が大きく変わっていくだろう。

特にヨーロッパ諸国は、安い燃料が、天然ガスパイプライン敷設によって「バルブをひねるだけ」で簡単に手に入る手法を採ったことが、騒ぎを大きくしたのである。

ドイツは、侵攻前までは、ロシアからの安定したガス供給でパイプラインを作って、企業に大変貢献していたのだが、一夜にして取引先のロシアは「悪の権化」となり、失望しているだろう。世界各国からの批判も、ある程度は仕方のないことであろう。

ウクライナ侵攻が終結し、世界が正常に戻っても、当分の間は、一部の国を除いてロシアとの取引は、大幅に減少するだろう。

そうすると、ロシア以外の他国から少し高い燃料を輸入して、経済の立て直しに努力することになる。

いずれにしても、温暖化の防止、化石燃料からの代替エネルギーの開発は、避けて通れない重要課題だ。

私はなぜ化石燃料にこだわるのか

はじめに述べたように、私は50年前のオイルショックの体験後、石油削減方法はないものか、機会があるごとに、機械の展示場や熱を使う生産現場に赴き、知恵を絞ってきた。

18歳で営業部員として入社したのは、ガス、灯油、電気を多く使う、乾燥機、熱処理機製作会社だった。お客さんの所に行って販売に努めたが、この時、お客さんから、「省エネルギー化していない機械は買わない。努力しろ」と、注意されてきた。

熱処理機械は、製品を加工する時に発生する不純物が熱と一緒に大気中へ放出されていた。廃棄熱を回収することは、構造的には難しくはなく、ライバル各社が取り組んだ。開発当初は計画通りに排熱回収成果が出るが、1週間もするとトラブルが続発し、使い物にならなくなる。

お客さんから厳しいクレームを受け、取り外して元通りに戻す作業を繰り返し、各社は大きな損失を出したのである。

大部分の会社は、それに懲りて手を出さなくなり、この排熱回収装置は製作タブーとされて世の中から消えていったのである。

専門的なことなので少し難しくなるが、しばらくご辛抱いただきたい。

この排熱回収装置のトラブルの原因は、ハッキリしている。

排熱ガスは、温度が上がっているときには気化しているため、なにごともなく装置の中を通過する。

その後、熱を回収する際に装置内の温度が下がると、排熱ガスは粘度の高い液状に変化するのである。その粘着質が装置に付着して、肝心の回収するべき熱を塞ぎ、不具合が生じてしまう。

わかりやすく申し上げると、ラーメン屋さん、焼き鳥屋さんの排気フードに付着しているような黒い固形物となるわけだ。

私は、43歳で会社を創立した際に、この排熱回収技術を確立したいと思っていた。それから12年ほどたった時に、海外で排熱回収のような装置を見て、独自に改良を加えて完成させた。20数台国内外に販売したが、それなりの効果があり、黒い粘着（タール）の付着を大幅に防いだことになる。

化石燃料が低価格で輸入されているときは採算ベースが落ちるが、これから高単価になれば、装置も多く採用される時代が到来し、環境整備に貢献できるのではないかと思っている。

脱炭素、物流の方法

政府は、脱炭素化を推進するために、貨物輸送を見直している。産業各界で人手不足が叫ばれて久しいが、トラック業界では、それがことに顕著と言われている。

ドライバー平均年齢も上昇の一途をたどっているようで、大型トラックドライバーの平均年齢は、平成28年度で47・5歳という。

相次ぐ過労死問題を重く見た政府の取り組みにより、2019年には、時間外労働の上限規制が施行された。これに伴い、トラックドライバーは一般則とは別扱いながら、2024年4月から、年960時間の時間外労働の上限規制が適用される。

トラック輸送を取り巻く環境も厳しさを増し、高速道路料金の値上げ等、コスト面でも圧迫されている。

政府側は2050年カーボンニュートラルを宣言し、脱炭素化を進めている。

ロシアのウクライナ侵攻でガス、石油輸入規制に入ったため、トラック燃料費が大幅に上昇しているが、燃料費の上昇をそのまま輸送運賃に加算することは難しく、大きく採算割れが生じているのが現状だ。

関連事業者には大変恐縮だが、この状態では、自力で解決はできないだろうと思う。このまま推移すれば、大幅な改革と、例えば政府等の援助を待つしかないと思う。


そこで、将来を見据えて、貨物輸送の見直しが必要だと思う。生き残った運送業者と共存するのだ。

例えば、鉄道との協業はいかがであろうか。

鉄道貨物は、1編成で10トントラック65台分の輸送が可能とのこと。

しかも、二酸化炭素の排出量は約13分の1になる。

これだけの優位を持ちながら、鉄道コンテナの輸送量は、2007年をピークに年々減少して、現在はピーク時の80％程度までの低水準となっているという。

鉄道輸送には、時間通り運べるという大きな利点がある。

一方で、固定されて融通が利かないダイヤや、目的地に到着後トラックに積み替える作業があり、使いづらいという問題を抱えているのである。

また、海上輸送コンテナと違って、コンテナのサイズが小さい。

海上輸送では障害物は皆無と言っても過言ではないが、鉄道では、山あり谷ありカーブありで、その輸送に邪魔にならないサイズ感が求められるからである。


実際のコンテナサイズは、以下の通り。

《鉄道コンテナ》
12フィートコンテナ：鉄道コンテナの一般的なサイズ
内法寸法（㎜）：（長さ）3647×（幅）2275×（高さ）2252
側入口（㎜）：（幅）3635×（高さ）2187
内容積（㎥）：18・7
積載重量（kg）：5000

一方で、大型トラックと同等の積載容量を持つ「31フィートウイングコンテナ」も登場している。トラックから鉄道へのモーダルシフトを実現できるため、普及が期待される。

31フィートウイングコンテナ：大型トラックと同等の積載量がある
内法寸法（㎜）：（長さ）９２４５×（幅）２３５０×（高さ）２２１０
側入口（㎜）：（幅）８５０３×（高さ）２８２２
妻入口（㎜）：（幅）２３１０×（高さ）２２１０
内容積（㎥）：48・0
積載重量（kg）：１３８００

貨物駅の運用効率化、積み替えの簡略化等ができないかを検討し、鉄道貨物輸送の復帰に力を入れるべきではないか。

また、海上輸送を活用したモーダルシフトの取り組みも進んでいるようだ。

一例を挙げると、海貨コンテナのバトン方式（私の勝手な命名である）がある。

その仕組みは、横浜港等の積み出し港まで、海貨コンテナを積載したトレーラーが乗り付けるというものだ。乗船するのは、ＲＯＲＯ船である。

ＲＯＲＯ船とは、ロールオン（自分で乗る）、ロールオフ（自分で下りる）の略で、自動車輸送の要となる輸送船である。

通常であれば、海貨コンテナを積載したトレーラーとドライバーはそのまま積み卸し港まで乗船している。この間、ドライバーは待機しなければならない。

ここで、バトン方式の登場である。

海貨コンテナは、シャーシという荷台にコンテナを搭載し、そのシャーシにトレーラーを連結して運ぶ。その連結を、乗船した際に解消し、積み荷を船に残して、トレーラーは積み出し港で下りてしまう。そうすると、ドライバーはそのまま帰宅できることになる。ＲＯＲＯ船上の海貨コンテナは、積み卸し港で迎えに来たトレーラーと連結し、目的地へ運ぶのだ。

このバトン方式であれば、遠距離の移動がないため、長時間家を空けられない事情がある女性等でも、円滑に業務を継続できることになる。

また、長距離輸送の際の、帰路の空荷問題も解消できる。長時間労働規制対策とトラックドライバー不足解消も狙った、一石二鳥プランである。

「話がうますぎないか？」

という疑問もあるかもしれないが、既に国土交通省の実証実験が何度も繰り返され、実用化へ進んでいるのである。

路面電車と路面バスの推進

日本では、高齢者が増えている。

また、脱炭素化が進み、石油の値上がりが同時に訪れてきた。

今後10～20年の間に、現在以上に、高齢化・脱炭素化・石油の値上がりという3要素が進んでいくことは、疑いようがない。


その対策の一つとして、路面電車の運行を提案したい。

費用の問題等で難しければ、路面バスはいかがであろうか。

路面バスの本数を増やし、走行範囲を広げて、児童、学生、高齢者等、自動車を運転できない移動弱者が利用しやすい政策を打つべきである。また、打たざるを得ないと思う。


ヨーロッパ各国は、路面線が充実しているので、この辺を参考にして対策を講じていくのがよいと考える。

また、将来的に、マイカーを「相乗り」等で極力減らすことで、脱炭素化が図れる。
現在の石油の値上がりは、時期が来れば、一旦収束するであろう。
しかし、その先は、値上がりが止まらなくなるのではないかと考えている。

これまでは、ロシアの安いエネルギーを買っていた各国が、一部の国を除いて、ロシア以外の他国製を購入するだろう。
日本の技術者、製作者、専門の学者は大変優秀なので、多少の困難があったとしても、価格的な面、省エネルギー対策面等を考慮して、解決策を導き出すだろう。

日本が世界に先駆けて技術を確立し、各国が注目して、その技術を取り入れるようになることを願っている。

身近な化学製品の高騰

さまざまな現状を報告してきたが、やはり、最悪の状態でここに辿り着くのか、と思う。それは、身近な石油由来製品の高騰である。

石油化学製品の基礎原料となる、ナフサ（粗製ガソリン）の価格高騰が続いている。ロシアのウクライナ侵攻の影響で、石油価格が高止まりしているためである。ナフサの高騰は合成樹脂などの国内化石燃料由来製品市況に波及している。合成樹脂の値上がりが相次ぐ影響で、包装フィルム、塩化ビニール管などの加工製品も値上がりしている。建材や包装フィルムの値上がりは、食品など、より消費者に近い最終製品の値上がりとなり、コスト上昇につながる。

値上げが続けば、国内の消費を押し下げ、不況が押し寄せてくる。

石油やナフサ高騰は当面続きそうで、幅広い業界で影響が長期化する。

物流費、電気料金はもちろん、スポーツウェアなどに使うナイロン、ポリエステルの値上げも決定した。皆さんが身に着ける衣料全体が値上がりすることは、間違いない。

農業生産や製造業などに欠かせないアンモニア、尿素も値上がりしている。

原料の天然ガスが高騰しているところに、輸出規制、ウクライナ侵攻で追い打ちをかけた。

侵攻が決着を迎え、世の中がおさまりだしても、価格が元に戻ることはないと思う。

原点に返りこれ以上の向上は望まない

今まで述べてきたように、世界の人類は、今後石油枯渇までの39年の間に、環境、生活の変化を迫られる。

今までのように化石燃料を使い、人口も増え、身近な化学製品を無駄に使えば、大きな地球環境の崩壊が起き、壊滅が始まると申し上げてきた。それでも破滅はありえないと考えるならば、当然、苦難が立ちはだかってくることになるだろう。

しかし15～20年を目途に生活を切り替えることは不可能ではなく、しなければならないのである。

コロナ禍、ロシアのウクライナ侵攻で一部の工業製品が入手困難になった。

食料不足で食品全般が高騰して、徐々に家庭生活に支障をきたしだした。インフレが進み、全ての物価が上昇傾向に入ってきた。

今回は、特にロシアの問題があったので、侵攻が終結すれば元に戻るのでは、と思うかもしれない。

現在、ロシアに対して経済制裁を加えて苦境に追い込む作戦を各国がとっているが、ロシアから安い燃料を輸入していた多くの国は、他から高い燃料を輸入しなければならず、追い込む側も苦境になる。

生産量の多いロシアの小麦を輸入せずに、価格が高い他国から輸入する。

したがって、物価は高止まりに推移することになる。

世界の国主は、必要以上に物価高止まりの抑制に力を注がず、地球を救うための政策をとるべきである。つまり、国民は自分の力で高騰と闘うのだ。

今後の先行きとして、水・食料不足、砂漠化の対策や、バースコントロール、地球温暖化対策等、政治的に解決しようとすると、大変な労力と対人関係の対応等、弊害が多く出ると予想する。

しかし、各種問題は放置できない。放置すれば、地球が危ない。

物価は、原則として、高止まり政策をとるべきだ。

全てを地球環境の整備と人類の安全な生活のためとするならば、納得できるだろう。

ガソリンが高騰すれば、車に乗る人が少なくなる。結果として温暖化防止に貢献することになる。

食料品が高騰すれば、食品ロスに真剣に向き合う。結果として、地球砂漠化防止に貢献することになる。

全般的に諸物価が高騰すれば、経済の疲弊はあるが、自然に無駄なことはなくなる。

物価は一時的に下がることはあっても、これからの長い年月、高止まりで推移することになるだろう。

理由は、前述の通り、今まで使用していた単価の安い化石燃料から、代替エネルギーに切り替えるからである。

なおかつ、今後は石油枯渇までの39年をかけて、徐々にクリーンエネルギー（脱炭素燃料）に変換することになる。

世界中がこのテーマに取り組んでいる。

日本もこのテーマについて、政府も民間と共同して取り組み、30年後の2050年には、完全にクリーンエネルギーに切り替えると宣言している。

化石燃料は39年で枯渇すると申し上げた数字が、現実的なものである証明である。


一方で、クリーン化するには莫大な費用がかかる。

試算では、150兆円以上もかかり、クリーン化になれば、燃料費は、現在の2～3倍になることは間違いないので、スライドして、さまざまなものが高騰するが、その費用は国民が自力で支払わねばならない。

これは当然の政策で、大変重要なことであるので、実現に向けて大いに期待したい。

優秀な科学者、技術者、この業界の専門家の活躍に期待し、成功を祈りたい。

脱炭素エネルギーの開発

化石燃料に頼らずに脱炭素エネルギーの大幅削減を目指し、20〜30年の間にクリーンエネルギー化を実現すると、先進国首脳陣が明言している。

しかし、実現のためのハードルは高い。

〈費用の削減〉

化石燃料は、比較的簡単に取り出せる。

単位当たりの熱カロリー、10,000〜12,000kcal／kgは他に類を見ない。化石燃料を産出する費用は、現在のところ格段に安いと言えるだろう。

化石燃料以外で、脱炭素を可能にするクリーンエネルギーを得る方法は、以下の通りである。

①　水力発電法
②　原子力発電法
③　洋上及び陸上での風力発電法
④　台風発電法
⑤　太陽光発電法
⑥　地熱発電法
⑦　水素ガス発電法
⑧　アンモニアガス発電法
⑨　蓄電池発電法
⑩　海底油田発電法

脱炭素エネルギー発電の長所、短所を比較してみよう。

①　水力発電法

水を高い所から低い所に落とす時に発生する流速を利用して、タービンを回して電気を起こす。

基本的にエネルギーは使用しないが、ダム等は土木工事費が膨大にかかる。水不足の際に稼働率が落ちる問題を含んでいる。温暖化による水不足が心配だ。

② 原子力発電法

ウランを核分裂させ、その時に発生する熱で、水を沸かし蒸気力でタービンを回して発電する。

比較的低コストで発電する、今後の有力な発電方法である。放射線の漏れが公害になるために、管理体制の充実が必要である。

③ 洋上及び陸上での風力発電法

既に各国で使用されている、風力で羽を回してその力で発電する方法。天候に左右されるので計画通りの発電が不順になる可能性がある。事前の丁寧な風況調査等が必須となる。

大型風車の乱立で景観を損なう可能性もあるが、逆に「風車が並ぶ風景」を観光資源として活用する動きもある。

漁業従事者等が漁業に対する影響を懸念しているが、洋上風力発電先進国では、風車の周りを魚礁として活用し、漁獲量を増やすことに取り組む向きもある。欧州をはじめ、各国が積極的に取り組んでいる。

わが国での懸念事項は、出遅れ感が否めず、大型風車に対応するメーカーは、今のところ欧米に限られていることだ。今後、直径100メートルを超えるような大型ブレード（風車の羽根）が続出すれば、輸送・メンテナンスともに国産化や国内対応が求められるのではないか。

④ 台風発電法

台風の脅威を資源に変える画期的な方法で、私は興味を持って見守りたいと考えている。海上で台風を追いかけながら発電する専用船も、同時に検討に入っていると聞く。薄くて壊れやすい羽根ではなく、強度を高めやすい円筒で風を受けるのだ。回転させた円筒は、風を受けた際に生じる動力で発電機を回す仕組みで、風の変化に強い。年間約20回の台風が日本付近に接近するのを、船で追いかけ、暴風を受けて発電する。

初めは離島等での設置を計画している。

離島は高い費用でディーゼル発電を行うが、台風発電に代替できる装置である。台風発電は、日本の全電力消費量の3%超の発電を見込んでいる。

将来は大型発電機の1メガワット（1000kW）の建設予定をしている。

私見では、台風時はもちろん使用するが、冬場の低気圧、いわゆる〝冬の嵐〟発生時にも使用すれば有効に活用できると考えている。

また、いささか途方もないことかもしれないが、雷の稲光を蓄電できればと常々思っている。日本海側の沿岸域では、冬季に特に強い雷が続き、1シーズンに2000回以上も放電があり、その荘厳な様子が〝冬神鳴り〟と呼ばれたりしている。一説によると、夏の雷の100倍以上の放電エネルギーがあるとか。これを電力として活用できないか。大いに期待が高まる。

⑤　太陽光発電法

太陽光発電は、既に日本では多数設置されているし、実績もある、太陽熱をパネルに取り込んで発電する。これも天候に左右されるので、計画通りの発電は不順となる。また、効率的な発電のためには、パネルのメンテナンスが欠かせない。

⑥　地熱発電法

地下のマグマ熱エネルギーを利用して、発電する。

地上に降った雨は地下マグマの層まで近づくと、マグマ熱で熱せられ、蒸気となり、溜まる。地表から1000～3000mまでパイプを掘り進め、溜まった蒸気を取り出し、熱を利用して発電する。

地熱発電法は、洋上・陸上の風力発電や台風発電、太陽光発電と違って昼夜関係なく、天候にも左右されず、安定して発電できる利点がある。

既に設置の実績もあり、枯渇の心配が少なく、火山国日本には最適として注目されている。

ここまでさまざまな発電法を紹介したが、台風発電以外は既に設置、使用されており、皆さまもお聞きになったことがあるかと思う。

ここからは世界の国々が協力して技術、資金、情報を共有し、成功へと導く大変重要な事業である。

⑦ 水素ガス発電法
水素は、クリーンエネルギー（夢のエネルギー）として近年注目されている。天然ガスから水素へと置き換えが進めば、ロシアへの資源依存を減らす効果もある。

水素は、燃やしても二酸化炭素（CO_2）を排出せず、今後はボイラーや家庭暖房、自動車燃料として幅広い利用拡大が期待されている。

日本では、技術も確立できているので、既に肥料や農薬、医療品の原料として、多岐にわたって利用してきた実績がある。

しかし、実用化のハードルが高いのはなぜか。

水素は主に水を電気分解して取り出すが、その時に使うエネルギーを、再生エネルギーでまかなうとすると、風力発電、太陽光発電を利用せざるを得ず、費用が大変高くつく。

また、水素の輸送時には、ガス冷却温度を約マイナス260℃に保たなければならない。その時の外気温度、湿度にも注意が必要で、輸送費用がかかる。

政府が考えているコストは30円／kgだが、実際には100円／kgほどはかかる計算である。

しかし、多くの優秀な技術者によって、将来はこの問題も改善されると、大いに期待している。

⑧ アンモニアガス発電法

アンモニアは、既に肥料として農業をはじめとする産業に使われている。

今後世界が脱炭素燃料を推進するために、アンモニアも肥料ばかりでなく、エネルギーとして使っていく技術的な検討に入っている。

燃料にするためには、アンモニアを石炭に20％程度混合する。水素と同じでCO_2を排出しないので、火力発電の脱炭素化につながっていく。

⑨ 蓄電池発電法

蓄電池は、電気自動車、太陽光、風力発電といった再生可能エネルギーの普及に欠かせないキーパーツの一つだ。

政府は国内企業の蓄電池製造に、2030年までに600ギガ・ワット時の生産の能力を確保する目標を設定した。蓄電池の製造にあたっては、莫大な設備投資がかかるために、政府が補助金を出す。

日本の車載用蓄電池は、15年に世界のシェアの約50%を占めていたが、20年には、またしても中国、韓国に押されて、約20%まで低下した。

原料となるレアメタル（希少金属）確保をめぐって、各国の競争が激しくなっている。

ここでも、日本は原材料を海外に頼っているという懸念が残る。

⑩ 海底油田発電法

この方法は実在するが、脱炭素エネルギーにならないので、詳細は割愛する。

このように、多様な脱炭素エネルギーの発電方法が出てくれば、未来が明るく感じられる。

これらのさまざまな手法について調べている間に、政府、民間企業が脱炭素化に向けて、真摯に取り組んでいることがわかった。

政府はエネルギー政策を議論する有識者会議を開き、経済産業省がクリーンエネルギー戦略の報告書を作成し、積極的に活動していると報告しているようだ。

クリーンエネルギー戦略は、「地球温暖化対策を経済成長につなげるもの」ということで、力が入っている。

開発途中でいろいろな障害が発生しても、この意気込みがあれば成功に導けるのではないかと、期待している。

一点、懸念材料としては、化石燃料の熱量はとても大きく、10,000kcal/kg～12,000kcal/kgある。これに勝る手法が出てくるのか、というところだ。

本書刊行のため、あれこれ調査しながら原稿に向かっていたら、脱炭素燃料の大変心強い援護情報が入ってきた。

日本製紙と住友商事が共同で、国産木材を使って持続可能なエタノールを、２０２７年度に生産開始することを目指し、検討していくという。

両社は、材木関係の性質を熟知した技術と歴史を持っている頼もしい会社である。

欧州では、２０５０年までに85％を脱炭素燃料に代えると発表された。

川崎重工は、オーストラリアで石炭を原料にして水素ガスを生産すると発表した。

民間の大企業が動き出したことで、脱炭素燃料に頼らない未来が見えてきた。

自動車メーカーの大手ホンダは、二酸化炭素を大幅に減らせる航空燃料（ＳＡＦ）の製造に乗り出す。使用済みの食用油や一般ごみ、藻類を原料とする。脱炭素のエネルギーの真髄と思われる。

原料となる藻類の培養事業を、国内外の工場で拡大し、２０３０年代に実用化を目指している。

大企業の専門知識が生かされるので、大いに期待できる。

脱炭素エネルギーの開発技術は世界が共有する

通常の新規技術開発時は特許があり、自社、自国専門分野で、競合して技術向上するものである。先に開発し成功すれば、その開発者（もしくは企業）に経済的な恩恵を授けられるのが、自由経済の通例である。

ところが、地球の温暖化防止・脱炭素エネルギーは、一国だけの問題ではない。世界中の人が温暖化への理解を深め、協力しなければ達成できない。

したがって、世界のどこが早く開発に成功しても、国内に留めず、技術、製造、加工方法等を、できる限り世界に公開し、共存して邁進していかなければならない。

今回のウクライナ侵攻は、ロシアの愚策、せっかくの資源の放棄である。

脱炭素エネルギーの実用・汎用には、まだまだ10～20年は要すると思われ、それまでの期間は、天然ガス、石油に頼らなければいけないが、世界の大部分の国はロシアのエネルギーを敬遠する。

一方、ロシアから大量に安い石油を輸入して、環境より経済を優先する国も現れている。世界各国との協定破りをしてでも自国の経済繁栄と領土の拡大に熱心な、ロシアと同じ考え方の国があることに愕然とする。

経済を優先して世界を見ない。

このような国主が政権を握る国は、先行き餓死者を多く出すことが懸念される。

地球の負担を少なくするために、われわれ人類は何をすべきか

ここまで、数々の問題点を指摘してきたが、では、今後どのようにすべきか。

化石燃料の代替品を10～20年後に利用できるようになれば、石油が枯渇する年数は後退する。

しかし、この程度では温暖化は止まらない。

ロシアのウクライナ侵攻やコロナ禍の影響で、世界的にインフレが進み、われわれの生活を直撃している現状が、まだまだ長期化する様相と見る。

政府には、補助金等、小手先の対策で国民の支持を得ようとすることは、やめてもらいたい。

なぜか？

われわれの身の回りを見ていくと、大変贅沢で無駄な物が多くあると思う。

今、テレビなどで人気のあるテーマの一つに、「断捨離」がある。無駄なものを買いすぎて家の整理ができなくなっている人が、心機一転、不要なものを処分していく。

このような番組を見るたびに、あ然とし、われわれ人類は何か大きな罪を犯しているように思えてならないのだ。

自動車はガソリンから電気自動車に移行し、テレビ、携帯電話、パソコンも身近なものとなり、多くはこれ以上画期的に変貌するとは思えない。

もう一度原点に返って、50年前の生活を見直す時かもしれない。

個人の価値観だと言うかもしれないが、それらの多くは化石燃料からできたものであるからだ。

インフレが進み物価が大幅に上がっても、自助努力で立ち向かいたい。

最初は苦痛に感じるであろうが、人間は順応性が高いので、そのうちそれが普通の生活と理解するようになるだろう。

車のガソリン代の負担が上がれば、省エネ車にする、バス通勤にするといった対策をして、食事や服装も質素にする。
自然体でものを削減し、大切にする。
この全てが、温暖化防止、化石燃料の削減につながる。
自然がよみがえり、地球がよみがえることにつながっていくのだ。

バースコントロール

地球の温暖化防止、脱化石燃料、代替エネルギーの方法について、私の少ない能力を駆使してお示ししてきた。

最後に蛮勇を振り絞ってとんでもないことを申し上げるが、世界の人類がこれを理解し実行しなければ、餓死者はなくならず、地球の破壊は止まらないと信じることがある。

バースコントロール。

世界の宗教家、医療に携わっている人々等から大変なバッシング、反論等が起きることを想定しなくてはならない、勇気のいる提案である。

私自身も、さんざん自問自答していたが、この課題をクリアしないと、人類は生き残っていけないと考えた。

代替エネルギーが10～20年後に石油に取って代わり、地球温暖化の限度1・5℃以内に抑えられても、クリーンエネルギーになっても、人類が多すぎると、違った問題点が発生するからだ。

各国がバースコントロールを導入することで、これらの問題は霧散することになる。

生きていくために山野を切り開いて農地にしたり、放牧地を拡大して野生動物の食物連鎖を阻害するよりも、100年単位の長期の展望で、各国の国主はバースコントロールの実施に努めるべきと考える。

地球上の最適な人数は、40億～50億人くらいではないかと思う。

当然世界的に経済の成長力は落ちるし個人の収入も落ちるが、人間として生きられることの大切さを重んじるべきである。

せっかく人間として生まれてきたのに、地球上の多くは砂漠化しており、水も不足、食べ物も不足し、餓死するしかない事態に直面する人が多数いる。

それは遠い未来の話ではなく、現在40歳代以下の人は40年後に餓死者が横行する現実に直面するかもしれないのだ。

大切な子どもさん、お孫さんに、われわれが残すものが貴重な資源ではなく、荒れ野と残骸で良いのか、と思う。

多くの人からバッシングや反論を受けた時に、

「あなたの子孫が餓死するとわかっていても、今の信念を通されるのですか」

と、お尋ねしようと考えている。

先日、高校生と少し年上の若人が街頭デモを行っている姿を見て、力強く思った。

若人が口々に、

「地球温暖化により、生きる糧がなくなる。われわれには、食べ物もなく、若くして死んでいく未来しかないのか」

と、真摯に、悲壮感を漂わせて訴えていた。

約3年前に、スウェーデンのグレタ・トゥーンベリさん（当時17歳頃）が地球の温暖化と気候変動について、無駄なものが多すぎると訴えて、その後、ノーベル賞に2年連続ノミネートされた。世界の識者は、彼女の訴えを理解されていたのである。

日本の若人にも同様の危機感があり、一般の人ももっと理解し、賛同することを願っている。

この訴えを無視したとしたら、どのような未来が待っているのであろうか。

結局は、食料の取り合いとなり、無残な殺戮を繰り返していくのではないだろうか。

もう一度申し上げたい。

時間はかかっても、地球上の人口は削減していくべきである。

この問題を遠い将来の課題と思う人がいれば、地球の砂漠化は、近く現実となることだろう。

女性の立場からのバースコントロール

本書出版のため、女性を交えた会合で雑談していたところ、彼女たちはバースコントロールに対して、賛意を示してくれた。

彼女たちの言によると、バースコントロールは、一石二鳥どころか、三鳥も四鳥も狙える施策であると言う。

「もちろん、本人の意思に反した強制は万死に値しますが」と前置きの上、語られたバースコントロールのメリットは以下の通りである。

・発展途上国に多い多産は、女性の体への負担が非常に大きい。出産で命を落とすなど、あってはならない。

・バースコントロールを着実に行うには、女性の識字率や学習する環境の整備が欠かせない。結果として人口の約半分を占める女性の情報理解が上がり、砂漠化につながる焼き畑農業等の抑止力となる。結果として、地球温暖化防止の一助となる。

・女性の識字率が上がれば、衛生に対する理解が深まり、生まれた子どもを成人まで育てられる可能性が高まる。家族全員の健康状態が改善する。

・無計画な多産から計画出産になれば、女性は「ずっと産前・産後」の状態から脱却できる。体の負担が減り、女性の社会進出が進み、社会経済の担い手が増え、経済が活性化する。

女性に負担の大きい出産の再考を促すバースコントロールは、意外にも、女性側からの支持を得られそうだ。

ロシアの蛮行

ロシアのウクライナ侵攻で、エネルギーの状況が変わってきた。

なぜロシアはウクライナを侵攻しなければならなかったのか、少し分析してみよう。

このロシアのウクライナ侵攻は、当初48時間程度で制圧できると計算していたようで、1年経っても決着がつかない現状は、想定外であるようだ。

2014年、クリミア半島の侵攻が簡単に成功したので、今度も同様と考えたのだろうが、当時は、予想もしないロシアの蛮行にあ然として、対応できなかったのだろう。

ウクライナ側は常々脅迫を受けていたのだろうが、そのたびに元大統領は誠意をもって対応していた。突然の侵攻で、ウクライナ側は、まさか制圧されるとは思わず、屈辱的な敗北となった。

今回も、ロシアは前もってウクライナのＥＵ加盟に反対し、同意しないと侵攻すると脅迫していた。しかしウクライナの大統領も国民も、命をかけて国を守ると、一致団結した。そして今回は世界の民主国家が大挙して、ウクライナ支持に回り、軍事、日用品の支援を約束した。

ロシア側は、まさか世界を敵に回すことになるとは、想像していなかったのだろう。

ロシアの歴史は領土の拡大

ロシアは、遠い昔から近隣諸国への侵略と敗北を繰り返してきた。全てが領土の拡大を狙ってのことである。

ロシア側からの見解としては、大昔からウクライナとはお互いの信頼のもと、強いつながりを持っていた。

それが突然、ウクライナは今までのロシアとの付き合いは止めて、西欧諸国の仲間入りをすると言いだした。身近な言葉を持って表現するならば、ロシア国主は怒り心頭に発したのではないだろうか。

ロシアをはじめ、ヨーロッパ諸国は陸地続きであるために、長い歴史の中で領土を取ったり取られたりを繰り返してきた。

和解したり、また敵になったりを繰り返しているうちに、「これでは駄目だ。諸国は協議して侵略を止めよう」と民主主義を受け入れ、経済面でも協力していこうと協約を作った。

これが欧州連合（EU）である。ロシアも妥協して仲間に入ればよかったと思うが、民主主義と相容れない国家なのである。

ソ連時代の古き栄華に酔って、離れていったかつての構成国、衛星国を強引に引き寄せ、領土のみの拡大に意欲を燃やし、独裁政治を確立させる国主に民主主義は程遠い。

ピョートル大帝、スターリン、そしてプーチンへとつながっていく。

ソ連が崩壊してロシアになったときに、民主国家の仲間入りのチャンスがあった。

しかし、指導者も国民も民主国家の経験がないため、良し悪しの判断がつかない。海外からの投資家が参入して、1年で26倍近いインフレを経験した。

多くのロシア人の貯蓄が、一瞬にして紙切れ同然になった。

混乱の時期に若きプーチンが海外の投資家を強引に退却させ、市場の安定に尽力したのである。

ただしこの戦略は、今回日本に発動してきた、サハリン‐2と同じだと思う。サハリン

-2についてはご存じと思うが、少し整理してみたい。

ロシアから、「エネルギーを安定的に提供する」ことを条件に投資を要請され、日本の大手商社が資金を提供した。

しかし、日本側が今回のウクライナ侵攻を批判したために、このプロジェクトを外れてもらうと言いだした。

しかも、投資金額はロシア側が没収する。つまり、詐欺まがいの手法であるが、この大国は平気でそれを実行するのである。

この危機を救ったことから、全国民が現国主を信頼しており、支持者も多いのである。インフレの苦い経験と、国営であれば低い所得であっても最低生活ができる、という旧知の安心感。

この発想から、ロシア全国民は、独裁者である国主に国を委ねたのである。

旧ソ連と旧構成国、旧衛星国

指導者の領土拡大思想と独裁者の誕生、国民の努力不足が以下のデータとなっていると考える。

旧ソ連時代には15の構成国、衛星国で構成され、東欧諸国が形成されていた。

現在の味方は、ベラルーシのみになっている。

この国の国民は、西欧思考を目指しているが、ロシアとベラルーシ、ルカシェンコ大統領が、民主国家を目指す指導者を弾圧して、不法に居座っている。

これは全てロシアの逆恨み発想で、現在の思想としてのリーダーになる資格がない。

旧ソ連時代、スターリンは各国の戦争に備え、軍備への投資を多くし、国民の生活を考えなかった。ロシアは、ウクライナから出た穀物収穫を全て戦力につぎ込み、ウクライナは多くの被害を受けた。

独裁者で野放図な見識のないリーダーに、誰がついていくのか。だれもそんなことは望まない。当然のことである。

ロシアの歴代の国主は多少の違いがあっても、五十歩百歩で、本質的に変わらないと思う。ロシアはなぜ世界各国の良いところを参考にして、自国のために取り入れないのか疑問である。

今回のウクライナ侵攻で、ロシア国民は、ウクライナの国民は命がけで自国を守るという事実を肝に銘じることである。独裁者から逃げてばかりでは、いつまで経っても平和で自由な生活はできないし、世界から孤立する。

私はシベリア抑留体験の苦労を語り継ぐ集いで、抑留経験者の生の声を聴いて愕然とした経験がある。

シベリア強制抑留は、78年前に起きた。

ソ連は全面降伏した日本国に対し、国際協定に違反して、旧満州、樺太、千島、北朝鮮等からおよそ57万人の日本人を、ソ連国内はもちろん、ウクライナ、中央アジア、コーカサスへ強制的に連行し、その地で抑留した。

戦争は終わったので日本に帰すと騙して、千人単位の大隊を編成し、徒歩及び貨車に詰め込み、外から施錠をして、ソ連国内等に抑留した。

極寒、飢餓、劣悪な労働環境の中で、ソ連の自国復興のための労役に服せしめた。実に計画的だったとのこと。人道上許すことのできない、ソ連の国家的犯罪であった。

われわれの祖父、父、兄や姉等が酷使され、多くの命を奪われた歴史がある。

抑留経験者は、劣悪で非人間的なロシア国民の本性が、近隣国に今も残っているのではないか、と言及されていた。

抑留者の悲惨な経験を伺って、感情も含めて、今回のウクライナとの戦争で、ロシアを敗戦に追い込み、各国へ迷惑をかけた大きな償いを、国民にも知らしめ、責任を取らせることを願っている。

積極的な行動を実行しない結果

何も所得があるだけで裕福であるとは限らないし、幸せであるとは限らない。

今回のウクライナ侵攻で、世界の人の考えが変わるきっかけとなり、生き方も経済観念も変化し、未来の大きな教訓になることを望みたい。

ここに、現在のロシアの状況を顕著に表したデータがある。

国土面積が世界一であり、日本の約45倍近い広さを持っている。

A　小麦の生産は世界有数の収穫量を誇っている

B　石油生産量：アメリカに次いで2番目
石油埋蔵量：ベネズエラ、サウジアラビアなどに次いで6番目
天然ガス生産量：アメリカに次いで2番目
天然ガス埋蔵量：1番目

大変な天然資源を保有する国である。

C　ヨーロッパ地区での年間平均所得（円換算）
ドイツ：約7，400，000円
イギリス：約4，500，000円
エストニア、リトアニア：約2，700，000円
ロシア：約1，000，000円

かつての旧ソ連構成国であるエストニア、リトアニアと年間平均所得で2・7倍の差が出ている。バルト三国はいち早くロシアを見切り、西欧の技術を身に付け経済の発展に寄与している。

一方、国主は汚職、ワイロで何兆円もの資産を持って、宮殿に住み、豪華船を保有しているそうだが、今回の侵攻で全てをなくしてしまうだろう。

「驕れるものは久しからず」
「悪銭身に付かず」

今回の侵攻が終息しても、世界の民主主義国から厳しい経済制裁を受け、更なる低迷は避けられないだろう。

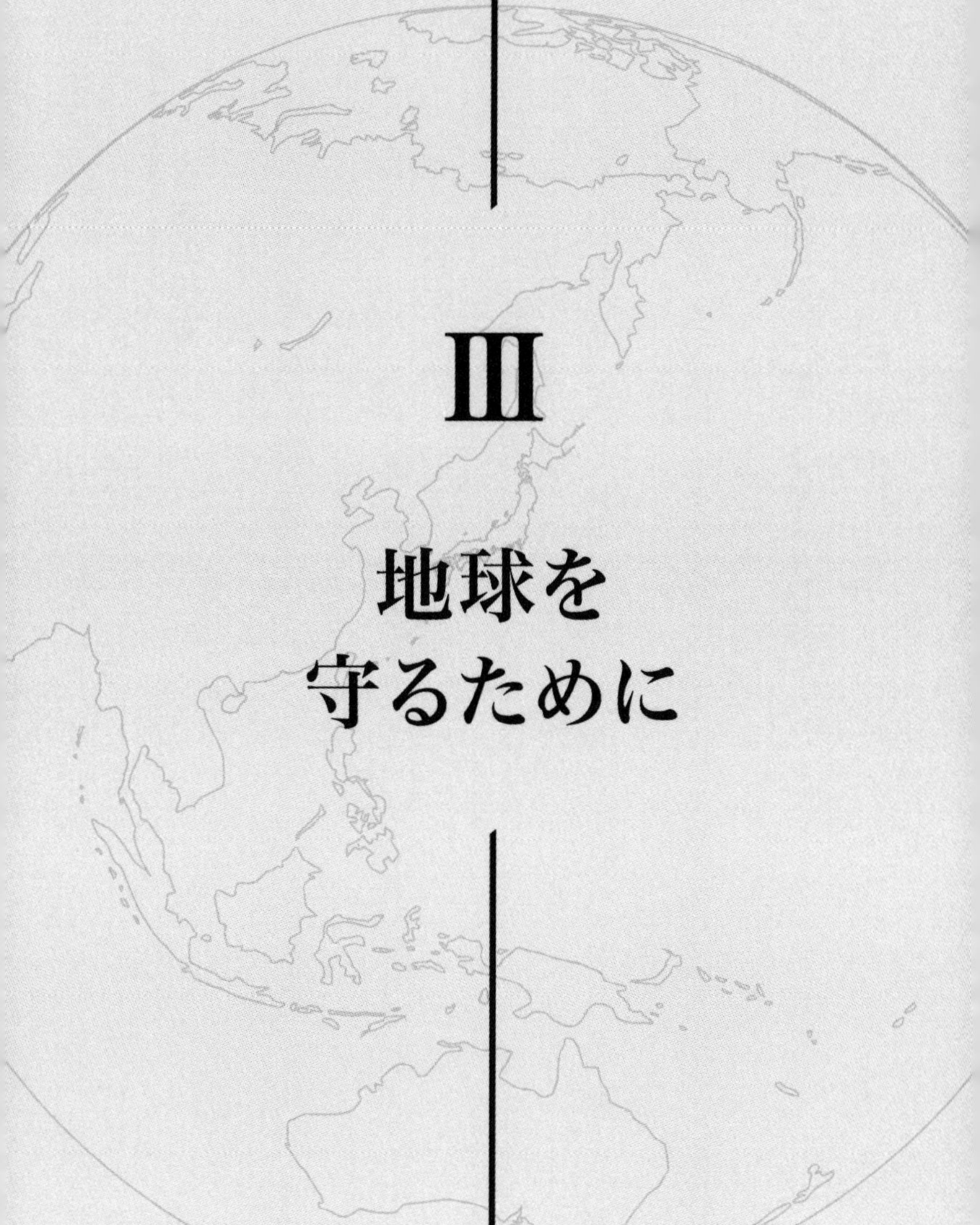

III

地球を守るために

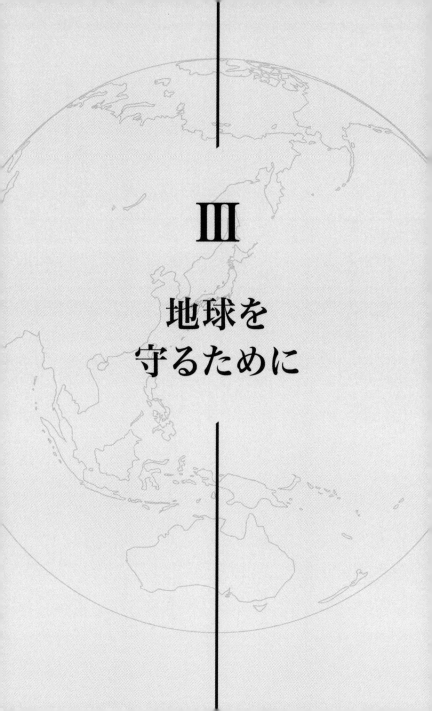

日本の行方

日本は陸続きの国と違って海に囲まれているので、平和慣れしている国民の多くは、まさか日本への侵攻はないだろうと考えている。

ロシア、中国は海の向こうであるが隣国であり、北朝鮮は距離的に遠くないにもかかわらず、である。

この三国は、日本に対してさまざまな方法で嫌がらせをしていることはご存じと思う。

北朝鮮は日本海に向けて頻繁に弾道ミサイルを打ち込み、われわれの動きを観察している。

ロシアは、この時期でも平気で津軽海峡を軍艦4隻を連ねて横切った。津軽海峡は公海だから、違反はしていないと主張している。

中国はわが国の領土の尖閣諸島の近くで、軍事演習や漁業を行っている。

日本の政府は、その都度各国に抗議を申し入れるものの、今後の対応は同盟国と協議するとコメントするのみ。

この対応の甘さが、ますます三国を増長させていると思う。

同盟国との連携は大切だが、自分の国は自分で守れと同盟国も言っている。

今回のウクライナ侵攻を見てもわかる通り、その時の自国の状況もあって、強力な援護は望めないと考えるべきだ。


ロシアの議員に至っては、北方四島の返還どころか、北海道は昔からのロシア領土と発言している。

そのような状況で、日本は大丈夫だと思えるだろうか?

この対策として、自分の力で防衛するための大設備が必要である。

脱炭素燃料の削減、代替エネルギーの開発と、多くの課題を抱えている現状で、防衛のための大設備を実現させるには、われわれ日本人だけでなく、世界各国の協力が必要である。

しかし、今回のウクライナ侵攻でわかるように、世界の想いを一致させることは難しい。

われわれが官民協力して課題を克服し、日本の存在感を示せば、世界も一目置き、実力を正当に評価してくれるのではないかと期待している。

地方の自治体の取り組み

皆さんの住んでいる各都道府県でも、炭素燃料の削減に取り組んでいる所が多い。

例えば、私の住んでいる北陸地区はどのような取り組みをしているのか、調べてみることにした。


このようなプロジェクトは規模が大きいので、各県独自ではなく、地区単位となる。

北陸電力は石川県と福井県で稼働中の火力発電所に、粉砕した木材を圧縮して作るバイオマス燃料（木質ペレット）の貯蔵庫建設を進めている。

発電効率の高いペレットと石炭を混合させて燃焼し、バイオマスの発電量を２０３０年度までに現在の70倍に増やすことを目的とする。

この工事で、二酸化炭素（CO_2）の削減量は削減目標の11％に上るという。

木質ペレットができるようになれば、環境の整備と省エネルギー化を同時に行うことができる。

この木質ペレットは、石炭と同等の発熱量を持っており、素晴らしい技術である。

また、注目すべき点は、その発熱量だけでなく、道々や山林に放置されている不要木材を有効利用できることだ。

そのような木材を利用すれば、山林がきれいになって、樹木に活気が出てくる。

よく知られた話ではあるが、山の手入れをすると山の貯留水量が増え、大雨でも災害が発生しない山となる。山崩れなどの土砂流入が減れば海の資源が豊かに育ち、海の幸も食卓へ……と好循環への期待は高まるばかりである。


石川県では、稼働停止中の原子力発電所の防潮堤工事は完成しているが、再稼働には時間が掛かるようである。

これまでは調査と安全性を重視して時間を要していたが、炭素エネルギーの入手困難が続けば原子力発電所の再稼働を早めたいと、国が地方へ協力を求めた。

これ以外にも、石川県、富山県、新潟県が合同で、国の指導に基づき洋上風力発電の設置計画を進めている。北陸、上越地区は、冬場に「雪起こしの風」という強い北風が吹くので、これを利用する計画があるという。

このプロジェクトも膨大な費用と技術が必要なので、地方だけの自助努力では難しい。特に現在ではコロナ対策費を多く使ったために、停滞している。

国、民間会社等の協力がなければ、進んでいかない現実がある。

省エネルギー化を訴えている当の本人の取り組みは

ところで、省エネルギー化を訴えている私自身、何を実行しているのか。

まずは、継続しやすい小さなことからと、心掛けている。


昨年の夏。ここ金沢は全国同様に極暑日数が例年よりも多く、高温多湿を経験した。

外気温度が33℃になるとわが家の室内は31℃になるが、エアコンは使わない。

エアコンのない時代を長く過ごしてきたので、元来エアコンを使うことに抵抗がある。

今年の夏は外気温度38℃になり、気が付くと、部屋の温度は33℃となり、町内の有線放送が、

「外気温度が上がっています。熱中症にならないように水分の補給を小まめに行ってください。特に高齢者はくれぐれも注意してください」

と繰り返し訴えている。

さすがに、慌ててエアコンを入れたのは言うまでもない。

室内温度は大体29℃を守っており、エアコンの稼働回数は少ない。
しかし、医療逼迫という問題もあるので、体調には気を付けようと考えている。

薪ストーブの設置

冬場は、わが家は30年来薪ストーブを使用している。

化石燃量の使用量は少ない。

使用する薪は無料である。秋口に公園等の樹木の剪定で一時放置されているのを、許可を取ってもらってくる。

私がもらわなければゴミとなるので、有効活用していると自負している。

持って来た薪は一定寸法にカットして、太い薪は私自身で割って1年先に備えている。

30年来、私が毎年行う仕事である。

最近は体力的に少々厳しくなったが、小学生時代から慣れ親しんだ作業である。

意外と楽しく運動になるし、エネルギー削減になるので、一挙両得の気分だ。

部屋の温度が設定より下がると、薪を燃やす。

自然エネルギー、再生可能エネルギーを活用した最先端の暖房器具だと思う。

わが社の工場に太陽光発電を設置

10年前、政府が太陽光発電設備を奨励したときに、即日業者と打ち合わせし、工場への導入を決定した。

一つの工場で20,000,000円。

中小企業としての投資は大きかったが、私のポリシーで社会に貢献したと思っている。どれだけ貢献できたのか数字的に表示してみると、年間平均約540,000kWの電力を入電したことになる。

つまり、わが社の工場での太陽光発電導入で、約70世帯の年間消費量の化石燃料を削減したことになる。

排熱回収装置の開発

わが社が導入した装置の概要は、前述した通りであるが、もう少し数値で効果をたどってみたいと思う。

身近な化学製品は、大部分、化石燃料からできていると申し上げてきた。製品化する前は、ほとんど熱処理機で品質の安定化が図られる工程を経ている。熱処理機で使用した化石エネルギーは不純物が混入しているので、40~50%は大気中に放出される。

当社の排熱回収装置は、放出されるエネルギーの不純物を取り除き、クリーン化して約15~20%を元に戻し、再利用することができる装置である。

回収されるエネルギーを数値化すると本熱処理機が使用する化石燃料は、平均すると月間12,000kg、年間144,000kgを使用している。

年間に換算すると、２８,８００kgのエネルギーを削減できることになる。

毎日、毎年、本設備が稼働している30年間は使用できる。

太陽光発電も廃熱回収も、削減量が多いか少ないかは、読者の皆さんの判断にお任せしたい。

われわれが今からできる「地球を守る提言」

〈その1　化石燃料の削減～わが国の開発力を発揮させる～〉

まずは、化石燃料は、近い将来必ず枯渇することを理解するのが原点である。燃料の削減と地球温暖化防止をすることは、人類の生活に大きな負担になるが、各自ができることから実行するべきであろう。

夏の冷房、冬の暖房は体に負担のない程度に控えめにし、身近な無駄をなくす。

産業界は代替エネルギーへ切り替え、10年前後には、化石燃料の使用を50％程度に確立させる。

化石燃料を10～20年の間に代替エネルギーへ切り替え、化石燃料の温存に努める。

今回のウクライナ侵攻で、化石燃料の需要と供給に大変な影響が出て、世界を震撼させることとなり、代替エネルギーの必要性が一層高まった。

世界でも抜きん出た技術力、製造生産力、豊富な経験を持っているわが国が、大幅な予算をとって、代替エネルギーの開発に邁進すべきである。

日本経済が停滞していると言われて久しいが、ここで日本の底力を見せつけ、存在感を発揮するのだ。

技術力のある日本で実績ができれば、各国がこぞって参加してくるようになるだろう。

〈その2　質素な生活に切り替えよう～インフレと物価上昇は続く～〉

ウクライナとロシアの戦争が終結して、一時的に物価が安定しても、経済はウクライナ侵攻前の状態には戻らない。

単価の安いロシア産の化石燃料の供給が不安定になり、混乱を避けるためにアメリカがOPECに増産を要請したが、実行されていない。つまり燃料は高止まりになる。

われわれの日常生活も、物価上昇で、今まで通りの生き方では、先行きに苦難が待っている。今すぐではないが、徐々にそれを予測して、質素な生活に切り替える努力が必要と考える。
先進国は早めに代替エネルギーの開発に入っているが、〝石油〟という、地下にパイプを挿入させて取り出す無料のエネルギーに比べれば、手間がかかり莫大な投資を必要とする新エネルギーは、高価格になるのは当然と人類は知らされる。地球の未来を守る選択をしたいものだ。

一方で、食品廃棄等の無駄を省く仕組み作りを進めたい。食品は無駄なく美味しくいただいて、廃棄物も2次利用できるような循環型社会が望まれる。

〈その3　災害時には命を守る判断を～自然の怒りと猛威は続く～〉

昨年も異常外気温度の上昇、ハリケーンの猛威、大幅な干ばつの発生と、過去にない異常と申し上げても過言でない気候変動の影響を経験した。

今まではハリケーン、台風は風速35～40ｍで大騒ぎしていたが、昨年アメリカに上陸したハリケーンは風速70ｍを記録した。

この風速では、体重60kg以下の人はふき飛ばされるとのことである。

細身の人が多いわが国では、台風到来の際は、外出禁止にするなどの対策が必要になる日が来るのでは、と危惧している。

まずは、命を守る判断を大切にしたいものである。

〈その4　バースコントロールの徹底～生まれる子が餓死する未来を避けるために～〉

人類の増加が、人間のエゴを増大させ、人類同士の無駄な戦いを起こして、死亡者を多く出している。

食べ物の不足、水不足による死者も増大している。

今この時期に生命を受けても不幸に餓死するならば、世界が安定した次世代に生を受けることを祈りたい。

発展途上国等でいまだに残る、一夫多妻制の廃止。

今後それらの国が、先進国に経済援助を求めてきたら、バースコントロールを条件にすることを提案する。

バースコントロールの副次的メリットは、識字率向上からの情報理解の向上、母体・新生児の衛生管理から女性の社会進出での経済成長まで、良いことだらけであった。

宗教上の理由等は、他人がどうこう言えることではないと理解している。それでも、頭から毛嫌いすることなく、一度検討してみてほしいと考える。

せっかく生まれてきた命には、充実した人生を歩んでほしいものである。


以上が私の提言である。

今すぐできること、身近な努力でカバーできることもある。

国主や世界各国の協調を待たねばならないこともある。

「地球の未来を守る」努力は、われわれ人類が等しく求められているのだ。

提言の実現は世界各国の賛同が重要

化石燃料は、無尽蔵にあるものではない。

しかし、「これからなくなる」という理解が広がれば、解決に向かっていけるから、心配はいらない。

ロシアによるウクライナ東、南部４州の一方的な併合宣言は無効であるか、国連で採決した。

国連に参加している国は、合計で１９３か国。

無効賛成国は、日本、米国、英国、ＥＵ参加国含め１４３か国。

無効反対国は、ロシア、ベラルーシ、北朝鮮等の５か国。

棄権国は、中国、インド、タイ、ベトナム等の35か国。

こんな蛮行を肯定する国の多さにびっくりするが、地球の疲弊、温暖化をなくそうとすることに反対する国は、ほぼないだろうと想像する。

自国の領土拡大と、独裁者として君臨するしか脳のない国主も、5～10年先までに、毎年被害が甚大化する自然災害の猛威を身近に感じて、恐怖を知ることになるであろう。


人類の生活は物価高、物不足、環境変化で低成長時代が続く。

会社経営も、エネルギー価格の上昇、人手不足で、低成長の時期に入り、対応できない企業は淘汰されると考えている。

国も同じことである。

私のような一個人が提言しても、「蟷螂の斧」だろう。

しかし、「バタフライエフェクト」という言葉もある。

極東の地方都市から、「地球の未来を守ろう」と私が提言した言霊が、世界に届くことを願っている。

地球という船に同乗している世界各国は、今こそ国益を超えて協調してほしい。

おわりに

私は、先に述べたように、乾燥機、熱処理機の機械メーカーの、元一経営者である。エネルギーについては、最初に勤めた会社が熱処理メーカーだったので、お客さんの要望もあり、欠かさず勉強していた。

したがって、一線を退いた今でも、エネルギーのことになると、首を突っ込みたくなる。「省エネルギー化するにはどうすればいいのか」と、学びつつ、失敗を繰り返しながらも実践してきた。

ここ2~3年の間に、地球温暖化の弊害が現実化してきたように思えた。

しかし、まだ漠然とした不安ぐらいで、まさか本にしてまで皆さまに訴えたいとは思っていなかったのだが、「はじめに」に書いたように、信号待ちの道路で、ふと、この状態が続けば何かが起こると、背筋を冷たいものがゾーッと駆け抜けたのである。

本腰を入れて調べてみると、地球環境に悪いことが次から次へと出てくるではないか。書類にまとめてみて、それなりにでき上がったように思えたが、決断できない。


そんなとき、高校生と二十歳位の若い男女約50人が、街頭で、

「私たちは今の地球で長く生きられない。地球の温暖化と化石燃料の無制限の使用と、贅沢な暮らしを禁止してほしい」

と訴えている姿を見たのである。

多少ニュアンスは違うが、私の訴えと類似している。テレビ中継だったが、大変熱心に訴えている。若い政治家にも直接訴えていた。また、どこかの役所に行って、担当課長にも説明していたが、反応はいま一つのようである。

一般の人も、まだ関心は薄い。今まで何の問題もなかったのだから、これからもないだろう、と考えている。

この若人たちを見て、

「あなたたちの言う通りだ、側面から少しでも応援しなければ」

と思い、出版の決意をした。

今振り返っても、近年の天候は異常に思えてならない。

梅雨末期、大雨で大きな被害をもたらしたり、２週間も早く梅雨明けしたり。

そうなると、各地のダムの水量は、60％から70％程度となって、今度は水不足が心配の種となり、盛夏が心配である……、と思っていたら、とんでもない雨量に見舞われて、大被害を受けたりしている。

温暖化防止
水不足、食料不足
バースコントロール、その他の対策
物価高騰の対策と生活の変革
化石燃料の削減と代替エネルギーの完成

以上、われわれ人類が今後生きていくためには、さまざまなハードルを越えなければならない。

具体的に何をすればよいか。

石油の枯渇をもっと先へ延ばす対策をとる。

なぜならば石油はエネルギーにも重要な資源であるが、人類の生活用品の源でもある。

早い時期に代替エネルギーを主力にして、化石燃料は補助的に使用する。

世界の科学者、日本の優秀な技術者が懸命に取り組んでいるので代替エネルギーは意外と早く実用化されると思っている。

代替エネルギーを80～85％ぐらいにして、化石エネルギーを残りとする。

併用をすることと、二酸化炭素の削減に努めれば、化石エネルギー枯渇が大幅に延期できる。

今まで述べてきたように、エネルギー削減に早く取り組まなければならないが、日本人だけ努力しても解決できない。

世界の人類がこの事態を理解するのに、5～10年を要するであろう。

目の前に危機が立ちはだかって、身動きできなくなって初めて気づくのである。

日本は、さまざまな問題に柔軟に対応ができる国である。この点は誇って良いと思っているが、一つ心配なところは、政府の政策が時にバラマキに思える補助金政策へ傾くことだ。

実際に1000兆円もの借金があるのに、「大丈夫か？」と思わず口をついて出そうになる。これも、これまでの贅沢な暮らしのツケが回ってきたのでは、と憂えている。先祖の美徳であった、〝質素倹約〟を思い起こすことが大切ではないかと思っている。

エネルギー問題は、どれも大きな、重要な問題だが、遠い時期でなく、急いで準備が必要と考える。

皆さまに、心の準備の必要性だけでも届けば幸いである。

2023年　4月吉日

山下和之

著者紹介

山下和之（やました・かずゆき）

株式会社サンワマシナリー取締役会長

1941年、和歌山に生まれる。幼くして母を亡くすなどの試練に、持ち前の明るさ、夢中になった野球などのおかげで打ち克ち、社会人となる。

1985年、石川県金沢市に株式会社サンワマシナリー設立。現在は取締役会長。

1993年、新工場移転、1996年、海外CE規格を取得し、海外へ初輸出。

1997年、安原工業団地へ新工場建設移転。2012年、安原工業団地へ新社屋・新工場建設移転。2021年、新工場を建設。前工場は第2工場とする。

著書に『あきらめなければ失敗ではない　最低の営業マンから会社の救世主、そして社長に――』（あさ出版）がある。

http://www.sanwa-machinery.co.jp/

地球《ちきゅう》からの警告《けいこく》

～石油《せきゆ》がなくなる日《ひ》のために、今《いま》からできることを考《かんが》えた～　〈検印省略〉

2023年　5　月　21　日　第　1　刷発行

著　者――山下　和之（やました・かずゆき）

発行者――田賀井　弘毅

発行所――株式会社あさ出版

〒171-0022　東京都豊島区南池袋 2-9-9 第一池袋ホワイトビル 6F

電　話　03 (3983) 3225（販売）

03 (3983) 3227（編集）

F A X　03 (3983) 3226

U R L　http://www.asa21.com/

E-mail　info@asa21.com

印刷・製本　萩原印刷（株）

note　http://note.com/asapublishing/

facebook　http://www.facebook.com/asapublishing

twitter　http://twitter.com/asapublishing

ISBN978-4-86667-506-0 C0095

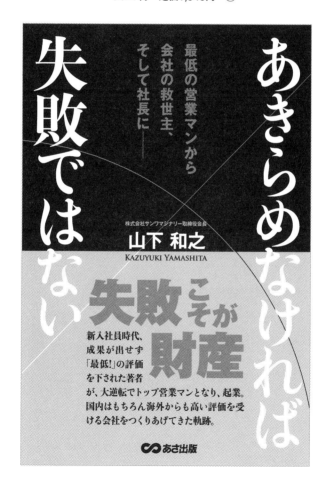